Jyotsana Kaiwart
Uma P. BalaRaju

Técnicas de melhoria da qualidade da energia

Jyotsana Kaiwart
Uma P. BalaRaju

Técnicas de melhoria da qualidade da energia

Em MATLAB Simulink

ScienciaScripts

Cover image: www.ingimage.com

This book is a translation from the original published under ISBN 978-620-8-42154-0.

Publisher:
Sciencia Scripts
is a trademark of
Dodo Books Indian Ocean Ltd. and OmniScriptum S.R.L publishing group

120 High Road, East Finchley, London, N2 9ED, United Kingdom
Str. Armeneasca 28/1, office 1, Chisinau MD-2012, Republic of Moldova, Europe
Managing Directors: Ieva Konstantinova, Victoria Ursu
info@omniscriptum.com

Printed at: see last page
ISBN: 978-620-8-62030-1

RESUMO

Com o aumento do nível da tecnologia, a utilização de dispositivos electrónicos também aumenta. Estes têm a vantagem de consumir pouca energia, mas injectam harmónicas no sistema de energia e afectam outras cargas sensíveis. Provoca um aumento das amplitudes da corrente e da tensão, perdas por aquecimento, falhas no isolamento e uma redução global da vida útil dos aparelhos. Assim, afecta a eficiência dos equipamentos e de todo o sistema. Trata-se de um efeito indesejável. Estas cargas não lineares são a principal causa da injeção de harmónicas no sistema ligado. Por isso, devem ser eliminadas do sistema ou, pelo menos, reduzidas até aos limites permitidos. Este projeto trata do mesmo problema das harmónicas.

O objetivo deste projeto é modelar e simular um sistema geral que contenha harmónicos introduzidos devido a cargas não lineares ligadas ao sistema e mitigar estes harmónicos utilizando técnicas de mitigação de harmónicos. Neste projeto, é utilizado o método híbrido de mitigação de harmónicos. O seu objetivo é reduzir os harmónicos de acordo com os limites de harmónicos do IEEE.

Este projeto considera um sistema geral que contém uma fonte, uma carga não linear e as suas ligações intermédias (como o transformador). Este sistema tem conteúdos harmónicos devido à presença de uma carga não linear. Estas harmónicas são atenuadas através da utilização de diferentes tipos de filtros sintonizados e transformadores de isolamento. Em seguida, os desempenhos dos diferentes tipos de filtros sintonizados e do transformador de isolamento são comparados com o sistema sem quaisquer técnicas de atenuação de harmónicas em termos de THD (Total Harmonic Distortion), que indica o conteúdo total de harmónicas no sistema. Neste projeto, o sistema utiliza as técnicas híbridas de atenuação de harmónicas, ou seja, a combinação de um filtro sintonizado e de um transformador de isolamento.

Com o aumento da utilização de cargas não lineares, a introdução de harmónicas no sistema é o principal problema. Existem muitos métodos para atenuar as harmónicas, por exemplo, utilização de reactores de linha, transformadores de isolamento, transformadores de fator K, filtros de harmónicas sintonizados, filtros de harmónicas de comutação rápida baseados em IGBT, filtros de harmónicas passa-baixo, rectificadores de 12 e 18 impulsos, transformadores de mudança de fase, filtros de harmónicas activos. Todos os métodos têm as suas vantagens e também desvantagens. De acordo com as aplicações, os requisitos e as restrições dos utilizadores, estes utilizam um ou vários métodos híbridos de atenuação de harmónicas. Este projeto apresenta um estudo de revisão dos métodos acima referidos.

Este projeto utiliza dois métodos para a atenuação de harmónicas, ou seja, filtros sintonizados e transformador de isolamento. Os filtros sintonizados utilizam o conceito de condição ressonante em série, em que, sob condição ressonante no circuito R, L, C em série, a impedância total do circuito é mínima e igual ao valor de R. Os filtros sintonizados oferecem resistências mínimas a determinadas frequências e contornam-nas para a terra. Este filtro sintonizado pode ser de sintonia simples ou dupla. Pode ser também um filtro passa-alto ou um filtro passa-alto do tipo C. O transformador de isolamento pode ser utilizado para atenuar os harmónicos. Isola eletricamente os dois sistemas ligados, ou seja, não permite a passagem do ruído de modo comum e do ruído de modo transversal. Também restringe a passagem dos harmónicos triplos na linha do sistema, utilizando a sua configuração típica delta-ye.

Através da utilização de um filtro sintonizado e de um transformador de isolamento, o sistema de captação é capaz de reduzir os harmónicos até aos limites permitidos de acordo com a norma IEEE-519. De acordo com a norma IEEE-519, os limites de harmónicos de tensão e de corrente devem ser inferiores a 5% cada um para o nível de tensão do sistema de captação. O sistema adotado é um sistema geral. Ou seja, pode ser aplicado em qualquer sistema (industrial, comercial, etc.). As técnicas de atenuação de harmónicas adequadas devem ser escolhidas de acordo com os requisitos e restrições do sistema.

Índice

Capítulo - I

Introdução

1.1 ANTECEDENTES:

Este capítulo consiste em factos e investigação sobre técnicas de atenuação de harmónicas através da utilização de diferentes métodos. A secção 1.2 deste capítulo é constituída pelo trabalho proposto. A secção 1.3 deste capítulo discute a motivação do trabalho proposto. O objetivo e a finalidade do nosso projeto são explicados na secção 1.4. A secção 1.5 consiste na organização geral da tese.

O fornecimento de eletricidade deve apresentar um sinal de tensão perfeitamente sinusoidal em cada extremidade da carga. No entanto, as empresas de eletricidade têm muitas vezes dificuldade em manter esta condição desejável devido a várias razões. Este desvio da forma de onda da tensão e da corrente em relação à sinusoidal é designado por distorção harmónica. No antigo sistema de energia eléctrica, as distorções harmónicas eram causadas pela saturação do transformador, fornos de arco industriais e outros dispositivos de arco, como grandes soldadores eléctricos. Mas na atual tendência de conceção, a utilização de cargas não lineares na indústria aumenta e causa a injeção de harmónicas no sistema de energia. Anteriormente, a principal preocupação era o efeito da distorção harmónica na máquina eléctrica e a interferência telefónica, etc. Mas agora, a distorção harmónica reduz principalmente o fator de potência e afecta o isolamento de qualquer sistema ou equipamento. Em última análise, isto provoca a redução da vida útil dos equipamentos em funcionamento. Por conseguinte, estes conteúdos harmónicos devem ser eliminados completamente ou reduzidos até aos limites permitidos. Existem várias técnicas de atenuação de harmónicas para resolver problemas de harmónicas no sistema de energia. Isto inclui as vantagens e desvantagens de cada técnica. Inclui as ligações normais do circuito. Além de explicar a teoria de funcionamento, são fornecidos diagramas e gráficos úteis, para que o leitor possa aplicar diretamente esta informação na análise das circunstâncias do seu próprio sistema de energia.

1.1.1 Definição de harmónicas: "Harmónicos" é o termo originado no campo da Acústica, onde está relacionado com a vibração de uma corda ou de uma coluna de ar a uma frequência que é um múltiplo da frequência de base.

Do mesmo modo, no sistema de corrente alternada, um componente harmónico (f_h) é definido como um componente sinusoidal de uma forma de onda periódica que tem uma frequência igual a um múltiplo inteiro (h) da frequência fundamental (f) do sistema. Estes conteúdos harmónicos perturbam a forma de onda sinusoidal ideal da tensão ou da corrente e são designados por distorção harmónica. Trata-se de um efeito não sinusoidal dos harmónicos.

1.1.2 Representação matemática da forma de onda distorcida: Em termos de tensão, uma função de tensão sinusoidal dependente do tempo t,

$$v(t) = V \sin(wt), \ldots(1)$$

Onde w=2*π*f, onde f= frequência fundamental.

Para a forma de onda periódica não sinusoidal, a expressão de Fourier é

$v(t)=V_0 + V_1 \sin(wt)+V_3 \sin(3wt)+V_5 \sin(5wt)+\ldots+V_n \sin(nwt) +\ldots+ V_1 \cos(wt) +V_3 \cos(3wt) +V_5 \cos(5wt)+\ldots+V_n \cos(nwt)+\ldots$ ...(2)

Onde n= n-ésimo número de componentes harmónicos da forma de onda da tensão distorcida.

$v(t) =V_0 +\{V_{11} \sin(wt)+V_{21} \cos(wt)\}+ \{V_{12} \sin(2wt)+V_{22} \cos(2wt)\}+\{V_{13} \sin(3wt) +V_{23} \cos(3wt)\}+\ldots+ \{V_{1n} \sin(nwt) +V_{2n} \cos(nwt)\}+\ldots$ ...(3)

Onde

V_0 = valor DC da tensão v(t),

$V_{11} \sin(wt) +V_{21} \cos(wt)$ => Componente fundamental de v (t),

$V_{12} \sin(2wt) +V_{22} \cos(2wt)$ => 2 Componente harmónica de v (t),

$V_{13} \sin(3wt) +V_{23} \cos(3wt)$ =>3 Componente harmónica de v (t),

Da mesma forma para o n-ésimo termo

$V_{1n} \sin(nwt) +V_{2n} \cos(nwt)$ =>nésima componente harmónica de v (t)

1.1.3 Tipos de harmónicas: Classifica-se em

S. Não.	Tipos		
1.	Expressão de frequência de um harmónico	• Harmónicos ímpares • Harmónicos pares	• 2n+1 • 2n
2.	Expressão de frequência de um harmónico	• Caraterísticas harmónicas • Harmónicos incaracterísticos	• 12k+1 • 12k-1
3.	Expressão de frequência de um harmónico	• Harmónicos de sequência positiva • Harmónicos de sequência negativa • Harmónicos de sequência zero	• 3n+1 • 3n-1 • 3n
4.	Definições	• Harmónicos de tempo • Harmónicos espaciais	• Harmónicas na forma de onda da tensão e da corrente de máquinas eléctricas e sistemas de energia devido a saturação magnética, presença de cargas não lineares e condições irregulares do sistema. • Harmónicas devidas a ligações de fluxo de dispositivos electromagnéticos rotativos, como máquinas de indução e síncronas, e à estrutura física assimétrica dos circuitos magnéticos do estator e do rotor.

Em que n,k= 0, 1, 2, 3...

1.1.4 Medição de índices:

Existem três índices principais de medição da presença de conteúdos harmónicos em qualquer sistema, a saber

- THD (Distorção Harmónica Total):- É definida como "a razão entre a soma dos quadrados de todos os componentes harmónicos da tensão e o quadrado do componente fundamental da tensão". A sua fórmula é

$$THD = \sqrt{\left(\frac{V_{rms}}{V_1}\right)^2 - 1} \qquad \text{... (4)}$$

OndeV_{rms} = valor rms da tensão distorcida,

V_1= valor rms da componente fundamental.

- TDD (Total Demand Distortion):- É definida como "o rácio entre a soma dos quadrados de todas as componentes harmónicas da corrente e o quadrado da corrente de carga de exigência máxima". A sua fórmula é

$$THD = \sqrt{\left(\frac{I_{rms}}{I_L}\right)^2 - 1} \qquad \text{... (5)}$$

OndeI_{rms} = valor rms da corrente distorcida,

I_L= valor eficaz da corrente de carga máxima solicitada.

- TPF (Fator de Potência Verdadeiro ou de Distorção) e PFtotal (Fator de Potência Total):- O TPF segue as variações do sinal RMS. O seu valor é determinado por

$$TPF = \sqrt{\frac{1}{1+\left(\frac{THD_I}{100}\right)^2}} \qquad \text{... (6)}$$

OndeTHD_I = THD da forma de onda distorcida (neste caso, corrente distorcida

PFtotal é o fator de potência real do sistema após a distorção harmónica. É calculado como o produto do fator de potência de distorção e do fator de potência de deslocamento (DPF), ou seja

$$PFtotal = DPF * TPF$$

Em que DPF=$\frac{P_1}{V_1 I_1}$, P_1=Potência fundamental, V_1=Componente fundamental da tensão e I_1=Componente fundamental da corrente.

1.1.5 Causa das harmónicas: Nos sistemas de energia anteriores, as principais causas da introdução de harmónicos no sistema são a saturação de transformadores, fornos de arco industriais e outros dispositivos de arco como grandes soldadores eléctricos. Algumas são discutidas aqui:

- Transformador sob saturação:

A principal razão para a causa da saturação do transformador é a corrente de magnetização não linear e a harmónica 3rd com outras correntes harmónicas ímpares. Se o transformador estiver a funcionar sob saturação e acima da potência nominal durante os períodos de pico, introduz harmónicas no sistema.

Se o transformador estiver a funcionar sob saturação e acima da tensão nominal durante condições de carga ligeira, especialmente se as baterias de condensadores da rede eléctrica não forem desligadas em conformidade e a tensão do alimentador subir acima do valor nominal.

- Máquinas rotativas em condições de sobrecarga:

Em condições de sobrecarga, a máquina rotativa provoca a introdução de harmónicos no sistema devido a pequenas assimetrias nos estatores da máquina ou nas ranhuras do rotor ou a ligeiras irregularidades nos padrões de enrolamento dos enrolamentos trifásicos.

- Processo de conversão de energia:

A maior parte dos processos de conversão de energia, como a conversão de CA para CC, de CC para CA, etc., produzem uma quantidade significativa de correntes harmónicas e também enviam essas correntes harmónicas para o lado da fonte.

- Dispositivos de arco:

Estes dispositivos de arco são alimentados por sistemas de transmissão ou distribuição fracos. A sua caraterística de impedância não é linear. É por isso que provoca a introdução de harmónicos no sistema

- Uma grande corrente de arranque durante a comutação de bancos de condensadores, transformadores e máquinas pode desenvolver corrente harmónica.
- Lâmpadas fluorescentes: Introduzem correntes harmónicas ímpares no sistema.

Mas nos sistemas de energia recentes, a utilização crescente de cargas não lineares é a principal causa do sistema de harmónicos. "A principal causa das harmónicas são as cargas não lineares. As cargas em que a forma de onda da corrente não se assemelha à forma de onda da tensão aplicada, são chamadas cargas não lineares. Também pode ser definida como a impedância através das cargas não lineares não é reta ou linear por natureza ou não apresenta uma impedância constante durante todo o período de funcionamento. Não obedece à lei de Ohm.

É classificada em três categorias com base no tipo de fonte alimentada, ou seja, alimentada por corrente, alimentada por tensão e tipo combinado.

Alimentado por corrente ou Fonte de corrente Cargas não lineares	Alimentado por tensão ou fonte de tensão Cargas não lineares	Tipo combinado
Por exemplo, retificador de tiristor controlado por fase com indutância de filtro no lado CC do retificador	Por exemplo, retificador de díodos com um filtro capacitivo na ligação de corrente contínua que alimenta accionamentos de motores de corrente alternada baseados em conversores de tensão de frequência variável	por exemplo, variadores de velocidade ajustáveis
Utiliza um filtro shunt para compensação de harmónicas no lado CA do conversor	Utiliza filtro em série	---

Algumas perturbações devidas a cargas não lineares:

- Distorção da forma de onda da tensão
- Sobreaquecimento do transformador e de outros dispositivos de alimentação
- Sobrecorrente nos cabos de ligação do neutro do equipamento
- Interferências telefónicas
- Problemas de controlo do microprocessador, etc.

Alguns exemplos de cargas não lineares são

Dispositivos de eletrónica de potência	Dispositivos ARC
Conversores de potência, variadores de frequência, controladores de motores CC, ciclo-conversores, gruas, elevadores, siderurgias, fontes de alimentação, UPS,	Iluminação fluorescente, fornos ARC, máquinas de soldar

1.1.6 Efeitos dos harmónicos: O principal efeito da presença de harmónicas no sistema é o aumento da intensidade global da corrente ou da tensão. Estas harmónicas afectam diferentes dispositivos, tais como variadores de velocidade, condensadores, disjuntores, fusíveis e condutores, equipamentos electrónicos, iluminação, contadores, relés de proteção, máquinas rotativas, telefones e transformadores, etc. Os efeitos em alguns dispositivos são explicados:

- Grupo gerador de eletricidade (gerador)

O gerador tem uma impedância maior do que a da rede. Devido à distorção da tensão e da corrente, o gerador enfrenta um aumento das perdas da máquina devido ao aumento da perda de cobre e da perda de ferro. Provoca aquecimento localizado e pulsação de binário com vibração de torção. Esta vibração de torção deve-se à presença das correntes harmónicas 5th e 7th no sistema.

- Transformadores

A presença de corrente harmónica aumenta as perdas no núcleo, as perdas no cobre e as perdas por fluxo parasita num transformador. Estas perdas consistem em "perdas em vazio" e "perdas em carga". A perda em vazio é afetada principalmente pelos harmónicos de tensão, embora o aumento desta perda com os harmónicos seja pequeno. É constituída por dois componentes: perda por histerese (devido à não linearidade dos transformadores) e perda por correntes de Foucault (varia proporcionalmente ao quadrado da frequência). As perdas de carga de um transformador variam com o quadrado da corrente de carga e aumentam acentuadamente a frequências harmónicas elevadas. São constituídas por três componentes:

- Perdas resistivas nos condutores e cabos do enrolamento

- Perdas de corrente parasita nos condutores do enrolamento

- Perdas por correntes de Foucault nos tanques e na estrutura de aço

As perdas por correntes parasitas são uma grande preocupação quando a corrente harmónica está presente na rede. Estas perdas aumentam aproximadamente com o quadrado da frequência. As perdas totais por correntes de Foucault são normalmente cerca de 10% das perdas a plena carga. A equação (1) dá as perdas totais em carga (PT) de um transformador quando os harmónicos estão presentes na rede [Hulshorst & Groeman, 2002].

Outra preocupação é a presença de harmónicas "triple-n". Numa rede, principalmente as cargas não lineares de BT produzem harmónicas. Com um transformador MT/BT de configuração Δ/Y, as correntes "triplo-n" circulam no enrolamento delta fechado. Apenas os harmónicos "não triplos-n" passam para a rede a montante. Quando alimentam cargas não lineares, os transformadores são vulneráveis ao sobreaquecimento. Para minimizar o risco de falha prematura dos transformadores, estes podem ser desclassificados ou utilizados como transformadores de "classificação K", que são concebidos para funcionar com baixas perdas a frequências harmónicas. O aumento da carga pode causar sobretensão no transformador e a possibilidade da sua falha prematura. Este efeito é normalmente expresso em termos de "perda de vida útil".

- Motores de indução

Os harmónicos em qualquer sistema provocam um aumento da magnitude da corrente. Nos motores, os harmónicos de corrente circulam através dos enrolamentos. Isto provoca o sobreaquecimento dos enrolamentos e resulta em perda de isolamento térmico. Além disso, provoca a perda de cobre e de metal. O efeito global é a diminuição do desempenho, vibrações no eixo, desgaste mecânico nos rolamentos e nos rolamentos excêntricos e redução do binário.

- Cabos e condutores

As correntes harmónicas têm dois efeitos principais nos cabos:

- Perdas óhmicas adicionais (perdas I2R) nos condutores de linha e neutro de um cabo devido ao aumento do valor eficaz da corrente devido aos harmónicos. Isto provoca um aumento das temperaturas de funcionamento num cabo.

- As correntes harmónicas, juntamente com as impedâncias da rede, provocam tensões harmónicas em várias partes da rede. Esta tensão harmónica aumenta as tensões dieléctricas nos cabos e pode encurtar a sua vida útil.

A resistência de um cabo é determinada pelo seu valor DC mais o efeito de pele e de proximidade. A corrente de Foucault, que é gerada devido ao movimento relativo do campo eletromagnético e da corrente que circula num condutor, é a causa principal do efeito de pele. A corrente tende a fluir na superfície exterior de um condutor. Aumenta a resistência efectiva do condutor e as perdas por correntes de Foucault, principalmente a altas frequências. O "efeito de proximidade" deve-se às indutâncias mútuas de condutores paralelos e ao campo magnético variável dos condutores próximos. Tanto o efeito de pele como o efeito de proximidade dependem da frequência do sistema de energia, do tamanho do condutor, da resistividade e da permeabilidade do material. A presença de harmónicos nos cabos influencia a resistência do condutor e aumenta ainda mais a sua temperatura de funcionamento. Isto pode eventualmente causar o envelhecimento precoce dos cabos.

- Caminhos de autocarro

As vias de comunicação servem como fonte primária de energia eléctrica. São barramentos ensanduichados. Devido à carga não linear, transporta grandes níveis de correntes harmónicas triplas. No pior dos casos, o nível de corrente harmónica no barramento neutro é 173% da corrente de fase.

- Dispositivos de proteção

A corrente harmónica influencia o funcionamento dos dispositivos de proteção. Devido ao aumento da amplitude e da componente de frequência diferente da corrente e da tensão, o funcionamento dos dispositivos de proteção é afetado por tempos mais rápidos ou mais lentos do que os esperados para o funcionamento apenas com a frequência fundamental.

- Equipamentos de controlo e medição

As harmónicas no sistema provocam medições inválidas, erros nos processos de controlo e erros nos equipamentos que tomam a referência zero da onda, saturação da medição e/ou proteção da medição e valores de grandeza incorrectos.

1.1.7 Limites dos harmónicos: Os harmónicos no sistema são muito difíceis de eliminar completamente do sistema. Mas podem ser reduzidas até aos limites permitidos. Este limite é dado pelo IEEE-519. É o seguinte

Limites de tensão harmónica

Tensão de barramento no PCC	Distorção de tensão individual (%)	Distorção de tensão total THD (%)
69 kV e inferior	3.0	5.0
69,001 kV até 161 kV	1.5	2.5
161,001 kV e superior	1.0	1.5

Tabela (1.1) Limites de tensão harmónica

NOTA: Os sistemas de alta tensão podem ter até 2,0% de THD.

Limites de corrente harmónica

Distorção harmónica máxima da corrente, em percentagem de $\mathbf{I_L}$

Número harmónico individual (harmónicos ímpares)

I_{sc} / I_L	<11	11<h<17	17<h<23	23<h<35	35<h	TDD
<20*	4.0	2.0	1.5	0.6	0.3	5.0
20<50	7.0	3.5	2.5	1.0	0.5	8.0
50<100	10.0	4.5	4.0	1.5	0.7	12.0
100<1000	12.0	5.5	5.0	2.0	1.0	15.0

>1000	15.0	7.0	6.0	2.5	1.4	20.0

Tabela (1.2) Limites de corrente harmónica

I_{sc} =Corrente máxima de curto-circuito no ponto de acoplamento comum

I_L =Corrente de carga máxima a pedido (componente de frequência fundamental) no ponto de acoplamento comum

TDD= Distorção da procura total, distorção da corrente harmónica em % da corrente de carga da procura máxima (procura de 15 ou 30 minutos)

1.1.8 Técnicas de atenuação de harmónicas: As várias técnicas de atenuação de harmónicas, que estão disponíveis para resolver problemas de harmónicas no sistema de energia.

- Reator de linha: - O reator de linha é o meio mais simples de atenuar os harmónicos. É ligado em série com uma carga não linear individual, por exemplo, variadores de velocidade, para inserir uma reactância indutiva em série no circuito. Isto não só atenua os harmónicos, como também absorve os transientes de tensão, que podem fazer com que um variador de velocidade ajustável de fonte de tensão dispare em caso de sobretensão. A magnitude da distorção harmónica e o espetro real das harmónicas dependem da impedância efectiva desta reactância.

Vantagens:

1. O seu custo é baixo.
2. Pode proporcionar uma redução moderada mas significativa dos harmónicos de tensão e corrente.
3. Está disponível em vários valores de impedâncias percentuais.

Desvantagens:

1. Provoca uma queda de tensão.
2. Aumenta as perdas do sistema.
3. O valor normal da impedância do reator de linha não permite atingir níveis de distorção da corrente muito abaixo dos 35% de THD-I.

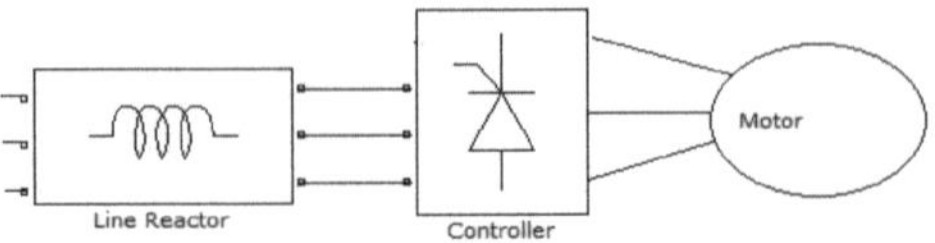

Figura (1.1) Reator de linha

- Transformador de isolamento: - A reactância do circuito de entrada é um fator importante para determinar a magnitude dos harmónicos, que estarão presentes e fluirão para uma carga individual. Por conseguinte, o transformador de isolamento pode ser utilizado eficazmente para reduzir a distorção harmónica. A sua indutância de fuga pode oferecer valores adequados de impedância do circuito para atenuar as harmónicas. Pode também ser fornecido com uma blindagem eletrostática entre os enrolamentos primário e secundário. Devido ao acoplamento capacitivo entre cada enrolamento e a blindagem, é criado um caminho de baixa impedância para atenuar o ruído, os transientes e as correntes de sequência zero. A blindagem ajuda a atenuar as perturbações de modo comum para o seu lado de origem do transformador.

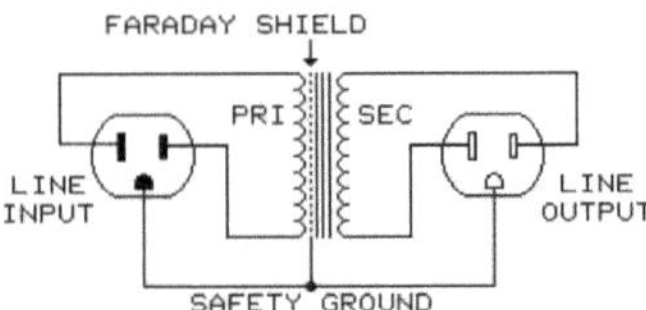

Figura (1.2) Transformador de isolamento

Vantagens:

1. Pode reduzir as perturbações de modo comum e de modo normal, bem como proporcionar o isolamento do circuito.

Desvantagens:

1. Pode conseguir uma atenuação eficaz das harmónicas apenas com uma dimensão física adequada. Deve ser dimensionado o mais próximo possível da corrente de carga nominal e tem a sua impedância baseada na corrente e tensão de carga.

2. Causa mais perdas no circuito e custos em comparação com o reator de linha.

- Transformador de fator K: - As perdas do transformador são compostas por perdas I^2R e perdas por correntes de Foucault. Estas causam o aquecimento do transformador. O transformador de fator K é concebido para acomodar o aumento de temperatura causado pelos harmónicos de corrente nos enrolamentos do transformador, para além das perdas devidas à corrente fundamental. O fator K é uma constante que especifica a capacidade do transformador para lidar com o aquecimento devido a conteúdos harmónicos. Os enrolamentos do transformador de fator K são normalmente feitos com múltiplos condutores isolados que são transpostos para reduzir o efeito de pele. O núcleo magnético é concebido com uma densidade de fluxo inferior. O fator K é uma função de duas variáveis, ou seja, a magnitude da corrente harmónica e a ordem das harmónicas.

-

Valor do fator K	Aplicação
1	Transformador standard, Iluminação standard, Motores
4	Aquecedor de indução, SCR, Accionamentos AC
9	Accionamentos DC
13	Iluminação por impulsos da escola, Hospital
20	Computador de processamento de dados, salas de computadores

O quadro (1.3) utiliza geralmente o fator K Transformadores

Vantagens:

1. O requisito de fator K da carga mista (cargas lineares e não lineares) é inferior ao da carga apenas não linear.
2. O transformador de fator K pode suportar o calor associado às perdas por correntes de Foucault, que são K vezes superiores às de um transformador sem fator K.

Desvantagens:

1. O seu custo é superior ao anterior por cada cavalo de potência.

- Filtro harmónico sintonizado: - É um dispositivo com elementos básicos como reatância indutiva e capacitiva. Estes elementos reactivos são ligados em série para formar um circuito LC sintonizado. É ligado como um dispositivo de derivação no sistema de energia. É um circuito ressonante na frequência de sintonização, na qual oferece uma impedância muito baixa. Isto faz com que se torne a fonte da energia harmónica de frequência sintonizada exigida pelas cargas. Isto significa que, na frequência de sintonia, o filtro oferece resistências muito baixas e a maior quantidade de corrente harmónica flui através dele. A distorção total da corrente harmónica diminui. Um filtro sintonizado pode ser concebido de diferentes formas:

1. Tipo fixo (para fator de potência baixo e constante e harmónicas com magnitude constante)
2. Tipo automático (para fator de potência flutuante e magnitude dos harmónicos)
3. Tipo híbrido (consiste em tipo fixo e automático)

Um filtro sintonizado é normalmente utilizado quando a distorção harmónica total da corrente é superior a 20% THD-I.

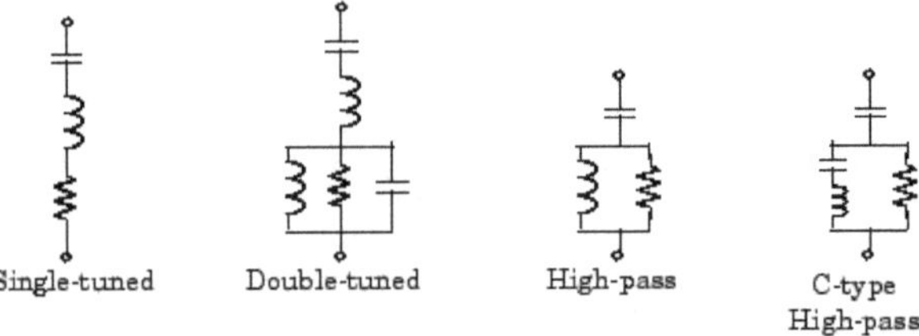

Figura (1.3) Filtro sintonizado

Vantagens:

1. Melhora o fator de potência de deslocamento devido ao comportamento capacitivo a baixas frequências.
2. Melhora o fator de potência de distorção ao reduzir a distorção harmónica total da corrente. O resultado final é a melhoria do fator de potência total.

Desvantagens:

1. A capacitância do filtro sintonizado pode causar um problema de ressonância se a THD-I inicial for inferior a 20%.
2. Não elimina os harmónicos sintonizados, mas apenas os atenua.

- Filtros de harmónicas de comutação rápida baseados em IGBT: - As alterações na potência reactiva ao longo do tempo podem ser conseguidas por um filtro automático. Mas o filtro automático não responderá com rapidez suficiente para satisfazer os requisitos de potência reactiva. Além disso, é necessário manter um fator de potência e um nível de distorção harmónica aceitáveis. É por isso que é utilizado um filtro de harmónicas de comutação rápida com IGBT (Transístores Bipolares de Porta Isolada). Este pode ser comutado sem descarregar o condensador a taxas de comutação até 60 vezes por segundo.

Vantagem:

1. Este filtro tem a capacidade de comutar sem transientes e de responder em tempo real às condições de carga que mudam dinamicamente.
2. A distorção harmónica total da corrente pode ser alcançada entre 3% e 12%.

- Filtros harmónicos passa-baixo: - Incluem um ou mais elementos em série com um conjunto de elementos sintonizados. Os elementos em série aumentam a impedância efectiva do circuito de entrada para reduzir as harmónicas globais e para desafinar o elemento shunt em relação às extremidades da alimentação e da carga. Ganhou popularidade devido à capacidade de atenuar todas as frequências harmónicas e de atingir um baixo nível de distorção harmónica residual.

Vantagens:

1. Comparativamente, o seu custo é baixo.
2. Tem harmónicos residuais baixos.
3. O seu resultado é previsível e garantido.
4. Não necessita de qualquer análise ou estudo harmónico.

Desvantagens:

1. Deve ligar-se em série com a carga.

2. Só pode ser utilizado com cargas não lineares, uma vez que pode provocar um aumento do efeito de aquecimento e reduzir a esperança de vida das cargas lineares.

3. O fator de potência principal é baixo com cargas leves devido à ocorrência de aumento de tensão devido à presença do condensador de derivação e do reator. Tudo isto resulta em perdas adicionais.

- <u>Retificador de 12 e 18 impulsos</u>: - Envolve um tipo especial de configuração do retificador e do transformador. No caso do sistema de 12 e 18 impulsos, os transformadores têm dois e três, respetivamente, enrolamentos secundários separados. Os graus de mudança de fase entre cada secundário são 360 divididos pelo número de impulsos do retificador.

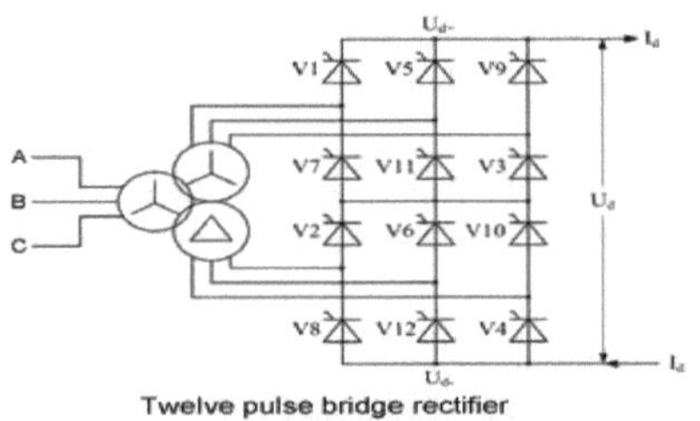

Figura (1.4) Retificador de 12 impulsos

Vantagens:

1. O sistema de retificador de 12 impulsos pode atingir níveis de distorção da corrente de entrada de 10% a 20% de THD-I. O sistema de retificador de 18 impulsos pode atingir níveis de distorção da corrente de entrada de 5 % a 10 % de THD-I em condições de plena carga.

Desvantagens:

1. A THD-I aumenta com a diminuição da carga.

2. A corrente consumida por cada ponte rectificadora e as tensões de alimentação de todas as fases estão equilibradas. Caso contrário, pode provocar o fluxo de harmónicas triplas e aumentar a distorção harmónica residual da corrente.

- Transformador de mudança de fase: - Este transformador funciona como um método de quase 12 pulsos. Dois conjuntos de cargas não lineares são alimentados por dois enrolamentos de transformador com deslocamento de fase. As harmónicas 5th e 7th no lado primário do transformador são canceladas para equilibrar a corrente em cada um dos enrolamentos secundários. A atenuação dos harmónicos de ordem superior baseia-se na impedância percentual efectiva do transformador.

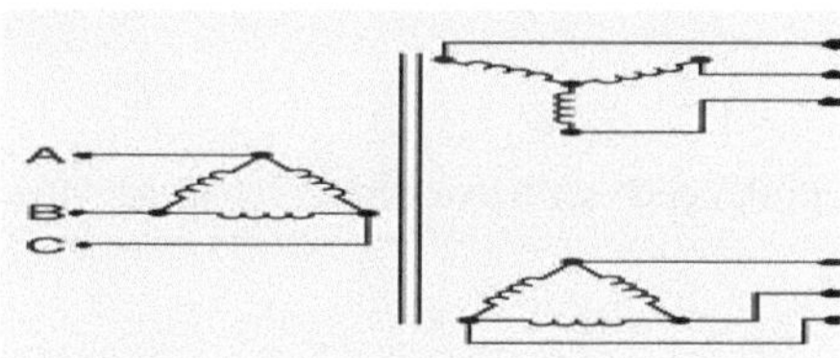

Figura (1.5) Transformador de mudança de fase

Vantagens:

1. As harmónicas 5th e 7th cancelam-se aproximadamente para condições de carga iguais.

- Filtro ativo: - Estas técnicas de filtragem podem ser aplicadas como um filtro de harmónicos autónomo ou através da incorporação da tecnologia na fase de retificação de um conversor de frequência, UPS ou outro equipamento de eletrónica de potência. Monitoriza a corrente de carga. Filtra a corrente de frequência fundamental e analisa o conteúdo de frequência e magnitude da corrente restante. Em seguida, injecta as correntes inversas adequadas para cancelar os harmónicos individuais. Utiliza transístores de comutação rápida (IGBT).

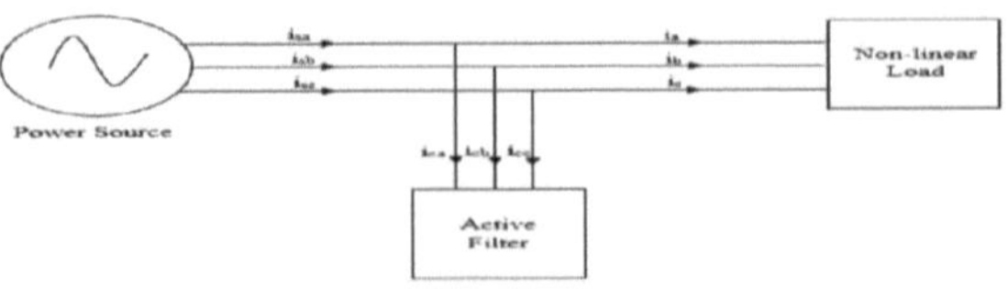

Figura (1.6) Conceito de filtro ativo

Vantagens:

1. Anula as harmónicas até cerca de 50 th harmónicas.
2. Pode atingir um nível de distorção harmónica até 5% THD-I ou mesmo inferior.

Desvantagens:

1. O seu desempenho pode ser baixo devido ao elevado nível de distorção da tensão pré-existente.
2. Requer mais manutenção devido à utilização de circuitos electrónicos de potência.
3. O seu custo é elevado e as perdas também são superiores às dos filtros passivos.

1.2 TRABALHO PROPOSTO:

Este projeto trata de um sistema com harmónicos devido à presença de carga não linear e que deve ser eliminado ou, pelo menos, reduzido até aos limites permitidos. O sistema com harmónicas e a sua atenuação são simulados utilizando o simulador MATLAB. A comparação de diferentes métodos de atenuação é feita aqui. O projeto conclui com o método híbrido, que dá o melhor resultado entre todos.

1.3 MOTIVAÇÃO:

Os harmónicos são a principal causa da redução da eficiência e da vida útil dos equipamentos no sistema de energia. Estas harmónicas causam distorção nas formas de onda da tensão e da corrente. A principal causa da injeção de harmónicas em qualquer sistema são as cargas não lineares. Por isso, deve ser eliminada ou reduzida através de algumas técnicas de mitigação. Este projeto visa mitigar os harmónicos de um sistema geral utilizando um método híbrido (mais do que uma técnica de mitigação ao mesmo tempo). Isto irá reduzir os níveis de conteúdo harmónico no sistema de acordo com a norma IEEE-519.

1.4 OBJECTIVO:

Os principais objectivos do projeto são

- Estudar as causas e os efeitos dos harmónicos num sistema
- Estudar vários métodos de atenuação das harmónicas
- Modelar e simular em MATLAB um sistema geral com harmónicos devidos a cargas não lineares
- Reduzir os níveis de conteúdo harmónico no sistema acima referido utilizando os métodos de atenuação de harmónicas em termos de Distorção Harmónica Total
- Comparar as diferentes técnicas de atenuação de harmónicas utilizando a ferramenta FFT em MATLAB
- Para reduzir os harmónicos no lado da rede eléctrica
- Para reduzir os harmónicos de acordo com a norma IEEE-519-1992

1.5 ORGANIZAÇÃO DA TESE:

Este trabalho proposto visa reduzir os harmónicos presentes num sistema devido a cargas não lineares. O capítulo 1 apresenta uma breve introdução aos conceitos básicos de harmónicos e termos relacionados. Dá uma compreensão básica do conceito de harmónicos, as suas causas e efeitos, etc. O capítulo 2 trata das várias investigações relacionadas com as harmónicas, como as suas causas, efeitos e limites. O capítulo 3 analisa os harmónicos THD no sistema tomado usando a ferramenta FFT e a solução para o mesmo. O capítulo 4 aborda os diferentes métodos utilizados para reduzir os harmónicos do sistema e a sua simulação. Também trata do método híbrido, que dá o melhor resultado entre todos. O capítulo 5 analisa os resultados dos diferentes métodos. O capítulo 6 conclui todo o projeto.

Capítulo - II

Revisão da literatura

2.1 ANTECEDENTES

Com o aumento da população, é necessária mais energia. A forma de energia mais utilizável é a energia eléctrica, que é convertida em diferentes formas na nossa vida quotidiana. Por isso, esta energia eléctrica deve ser limpa para que os diferentes equipamentos funcionem eficientemente. Mas é distorcida devido a muitos factores, principalmente a introdução de cargas não lineares. Este capítulo aborda alguns artigos que dão ideias sobre os diferentes métodos utilizados para atenuar os harmónicos, a causa e o efeito dos harmónicos e os seus limites admissíveis.

2.2 ARTIGOS PARA PESQUISA BIBLIOGRÁFICA

2.2.1 "Uma revisão das técnicas de atenuação de harmónicas" Por Gonzalo Sandoval e John Houdek

Este documento fornece uma explicação das várias técnicas de atenuação de harmónicas disponíveis para resolver problemas de harmónicas em sistemas de energia trifásicos. Incluem-se as vantagens e desvantagens de cada método, a sua ligação ao circuito normal, bem como o desempenho típico que se pode esperar quando cada método é corretamente utilizado.

Além de explicar a teoria de funcionamento, são fornecidos gráficos e diagramas úteis para que o leitor possa aplicar diretamente esta informação na análise das circunstâncias do seu próprio sistema de energia. Os utilizadores de variadores de velocidade ajustáveis (ASD) e outras cargas não lineares trifásicas (rectificadas) têm muitas opções disponíveis no que diz respeito à atenuação de harmónicas. Na consideração de várias alternativas, muito depende dos objectivos do utilizador, bem como da gravidade dos harmónicos contribuídos pelas cargas internas. A lista típica de equipamentos alternativos de atenuação de harmónicas trifásicas inclui

- Reactores de linha
- Transformadores de isolamento
- Transformadores de fator K
- Filtros de harmónicas sintonizados (capacidade fixa ou bancos múltiplos com comutação automática)

- Filtros de harmónicas de comutação rápida baseados em IGBT
- Filtros harmónicos passa-baixo
- Rectificadores de 12 e 18 impulsos
- Transformadores de mudança de fase
- Filtros activos de harmónicas

Este documento explica o funcionamento de cada tipo de alternativa de atenuação e fornece os resultados típicos que podem ser alcançados quando cada tipo é corretamente aplicado.

Por fim, conclui-se que não existe uma solução única que seja universalmente superior. Também são apresentadas algumas soluções híbridas, que dão resultados eficientes do ponto de vista económico. Após uma análise cuidadosa do problema e uma compreensão clara dos objectivos do utilizador final, muitas vezes a melhor solução económica e técnica é uma solução híbrida, ou seja, a combinação de várias tecnologias.

2.2.2 "Harmonic Mitigation for Power Quality Improvement" Por Jeel Contractor, P.N. Kapil e Bhavin Shah

Em todas as indústrias, as cargas não lineares, como os rectificadores de díodos monofásicos, conversores, inversores, fontes de alimentação de baixa tensão, SMPS, computadores pessoais, etc., existem e são a principal causa de conteúdos harmónicos nos diferentes sistemas. Estas harmónicas provocam perdas sob a forma de dissipação de calor e contribuem igualmente para as correntes de Foucault e as perdas no núcleo. Este calor adicional tem um impacto significativo na redução da vida útil dos instrumentos eléctricos, especialmente do isolamento dos transformadores. Este documento fornece informações sobre técnicas de atenuação de harmónicas para melhorar a qualidade da energia.

Neste caso, utiliza filtros trifásicos sintonizados para atingir o seu objetivo. Este artigo não só apresenta o modelo de simulação de uma determinada indústria, mas também implementa esse sistema e produz resultados muito melhores do que os anteriores.

O diagrama de blocos do modelo básico adotado é

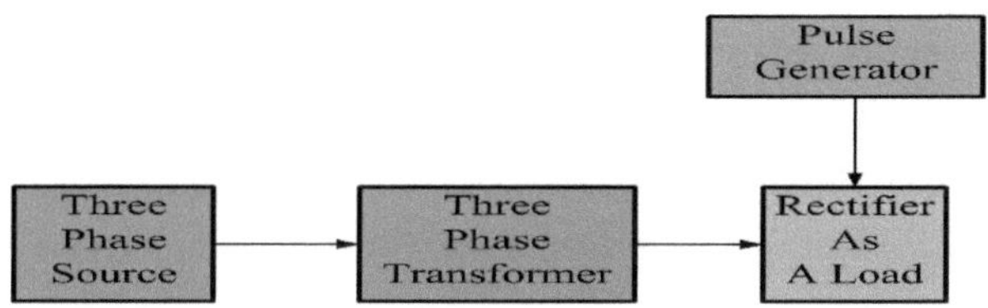

Figura (2.1) Diagrama de blocos do modelo básico

E o diagrama de blocos com filtros sintonizados é

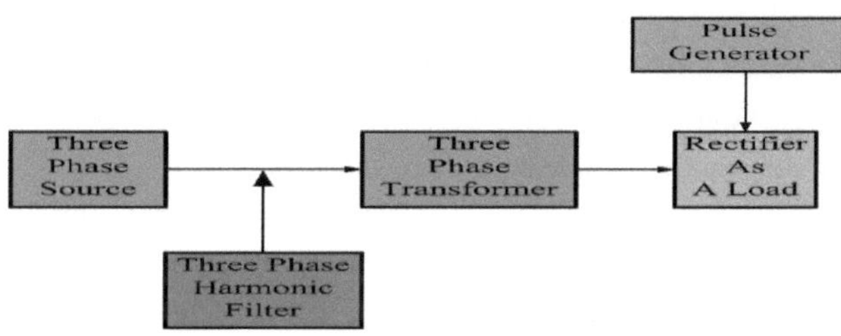

Figura (2.2) Diagrama de blocos do modelo básico com filtro de harmónicas

2.2.3 "Impacto das harmónicas do sistema de energia na falha de isolamento do transformador de distribuição e suas medidas corretivas" Por Sanjay A. Deokar e Dr. Laxman M. Waghmare

O envelhecimento do isolamento denota alterações físicas e químicas, que ocorrem como resultado de tensões eléctricas na rede do sistema de energia. Nos dias de hoje, uma grande utilização de dispositivos não lineares resultou num aumento da distorção nas tensões de carga. A corrente consumida por todos esses dispositivos contém harmónicas. As perdas, bem como o isolamento, são maiores no equipamento a frequências harmónicas do que a frequência fundamental. A capacidade do circuito térmico na frequência fundamental é inadequada para dissipar o aumento das perdas devido à corrente harmónica. Por conseguinte, a corrente excessiva consumida durante o estado estacionário e os problemas dinâmicos de qualidade da energia resultam num aumento da temperatura. A utilização crescente de dispositivos não lineares na rede atual é responsável por uma degradação mais rápida do material isolante. O transformador transfere energia eléctrica de um circuito pontual para outro. O aquecimento adicional sofrido por um transformador depende do conteúdo harmónico da corrente de carga e dos princípios de conceção do transformador.

Neste trabalho, tentou-se discutir o procedimento para o cálculo das perdas e a análise do impacto do aumento da temperatura no transformador convencional imerso em óleo e com deração, sob condições de carga não linear. São também sugeridas algumas medidas corretivas para reduzir o impacto dos harmónicos na falha do isolamento.

Pode concluir-se que o stress do isolamento devido aos harmónicos é uma das principais razões para a falha prematura dos transformadores. Para ultrapassar o problema, é necessário conceber o sistema de isolamento tendo em conta todos estes problemas no caso de um transformador novo e desclassificar o transformador existente para manter o aumento da temperatura dentro dos limites permitidos no caso de uma distorção harmónica mais elevada. Deve haver um diálogo adequado entre os fabricantes de transformadores e as empresas de serviços públicos para atenuar estas condições, uma vez que os projectistas nem sempre podem prever ou assumir a situação real no lado do cliente.

2.2.4 "APLICAÇÃO DOS LIMITES HARMÓNICOS DA IEEE STD 519-1992" Por Thomas M. Blooming e Daniel J. Carnovale

A Norma IEEE 519-1992 é um documento útil para compreender os harmónicos e aplicar limites de harmónicos em sistemas de energia. Apesar de muitos anos de boa utilização, ainda existe alguma confusão sobre como aplicar certos aspectos da norma. Este documento discute alguns desses aspectos, bem como questões relacionadas que são úteis no trabalho com limites de harmónicas. Existe um debate considerável sobre a forma exacta como alguns elementos da Norma IEEE 519-1992 devem ser interpretados. Este documento apresenta os pontos de vista dos autores sobre alguns dos elementos mais ambíguos da norma e sobre a aplicação de limites harmónicos em geral.

É útil medir e limitar os harmónicos nos sistemas de energia eléctrica para evitar problemas operacionais e a deterioração do equipamento. A norma IEEE Std. 519-1992 define os limites das harmónicas. Deve-se ter o cuidado de especificar se as harmónicas em questão são de tensão ou de corrente e se são em quantidades reais (volts ou amperes) ou em percentagem, caso em que se deve especificar ainda se são em percentagem de I_1 (mais comum) ou I_L (como durante uma avaliação rigorosa dos limites). A intenção geral do IEEE 519 é limitar a corrente harmónica de clientes individuais e limitar a distorção da tensão do sistema fornecida pelos serviços públicos. Os clientes não devem causar o fluxo de correntes harmónicas excessivas e os serviços públicos devem fornecer uma tensão quase sinusoidal. O rácio I_{SC} / I_L deve ser conhecido, a fim de determinar qual a linha de limite de corrente harmónica que deve ser aplicada. Um ponto de confusão no IEEE 519 é o Ponto de Acoplamento Comum, ou PCC. O PCC é o ponto onde outro cliente pode ser servido, independentemente da localização da medição ou da propriedade do equipamento (transformador). O objetivo da aplicação dos limites de harmónicas especificados no IEEE 519 é evitar que um cliente cause problemas de harmónicas a outro cliente ou à empresa de serviços públicos. Os limites do IEEE 519 podem ainda ser utilizados como guia dentro das instalações de um cliente para minimizar os problemas de harmónicas. Outro ponto de confusão no IEEE 519 é a distinção entre a distorção total da procura (TDD) e a distorção harmónica total (THD). A diferença entre as duas é que a TDD expressa as harmónicas como uma percentagem da corrente de carga de exigência máxima (I_L) e a THD expressa as harmónicas como uma percentagem da corrente fundamental (60 Hz) (I_1) no momento da medição. As correntes harmónicas individuais também devem ser expressas como uma percentagem de IL antes de serem comparadas com os limites de harmónicas no IEEE 519. A diferença entre THD e TDD (e entre harmónicas como uma percentagem de I1 e IL) é importante porque impede que um utilizador seja injustamente penalizado por harmónicas durante períodos de carga leve. Algumas cargas, como os variadores de velocidade, têm uma THD mais elevada em carga leve, apesar de estarem a consumir menos corrente harmónica total em amperes e, portanto, a causar menos distorção harmónica da tensão. Nem sempre é prático ou necessário medir no PCC verdadeiro ou converter os valores de THD em TDD. Saber como os limites do IEEE 519 devem ser avaliados, quando possível, permite a um engenheiro determinar se a sua abordagem é suficientemente boa para o trabalho em causa.

Tensão de barramento no PCC	Distorção de tensão individual (%)	Distorção de tensão total THD (%)
69 kV e inferior	3.0	5.0
69,001 kV até 161 kV	1.5	2.5
161,001 kV e superior	1.0	1.5

I_{SC} / I_L	<11	11<h<17	17<h<23	23<h<35	35<h	TDD
<20*	4.0	2.0	1.5	0.6	0.3	5.0
20<50	7.0	3.5	2.5	1.0	0.5	8.0
50<100	10.0	4.5	4.0	1.5	0.7	12.0
100<1000	12.0	5.5	5.0	2.0	1.0	15.0
>1000	15.0	7.0	6.0	2.5	1.4	20.0

2.3 CONCLUSÃO

A partir do estudo de diferentes artigos, existem diferentes métodos de atenuação de harmónicas. Neste projeto, dois métodos são comparados e o método híbrido é escolhido como o melhor método. Os limites de THD de tensão e corrente são decididos e todos devem segui-los. O documento acima também apresenta o efeito dos harmónicos produzidos devido à carga não linear no transformador. Assim, este projeto proposto utiliza um sistema com harmónicas, que são reduzidas utilizando o método híbrido e seguindo os limites IEEE-519 de THD de tensão e corrente.

Capítulo - III

IDENTIFICAÇÃO DO PROBLEMA

3.1 Antecedentes

Tal como no capítulo anterior, é dado como certo que a presença de cargas não lineares num sistema provoca harmónicas. Distorce tanto as formas de onda da tensão como as formas de onda da corrente da carga. Também distorce as formas de onda da tensão e da corrente no lado da fonte. Neste capítulo, o sistema utilizado neste projeto é estudado em termos do valor THD da tensão e da corrente no barramento 1 (lado da rede eléctrica) e da corrente no barramento 2 (lado da carga). A solução para esta condição também é apresentada de forma resumida. **3.2 Problema com o sistema**

O sistema deste projeto inclui

- Fonte trifásica
- Retificador como carga
- Transformador trifásico

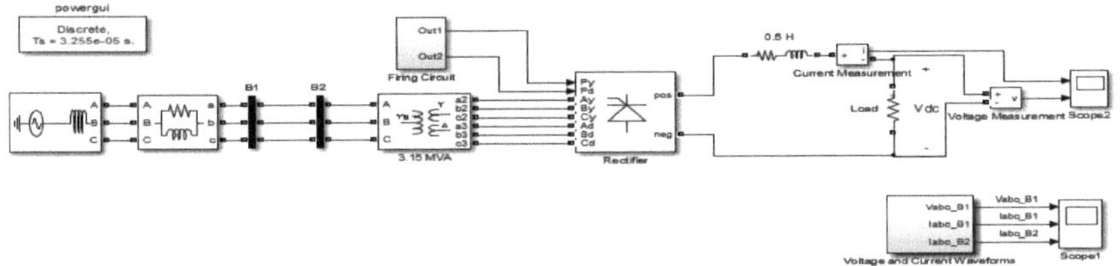

Figura (3.1) Diagrama do Simulink sem qualquer filtro

Este é um sistema que alimenta uma carga e requer um retificador. Este retificador actua como carga não linear e introduz harmónicas no sistema. As formas de onda no barramento 1 e no barramento 2 são medidas para determinar a THD harmónica do sistema. Para o caso em que não é utilizada qualquer técnica de atenuação de harmónicas, as diferentes formas de onda são

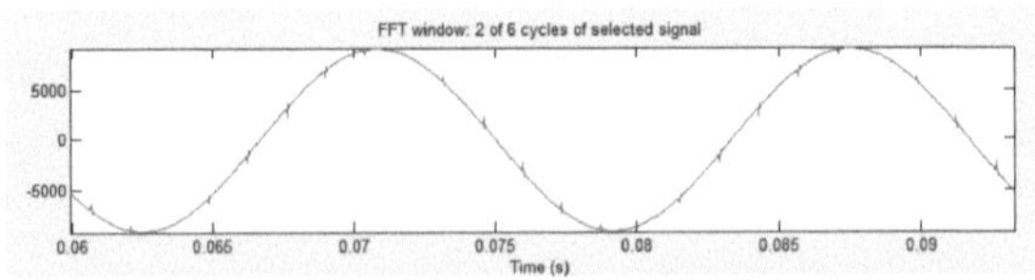

Figura (3.2) Forma de onda da tensão no barramento 1

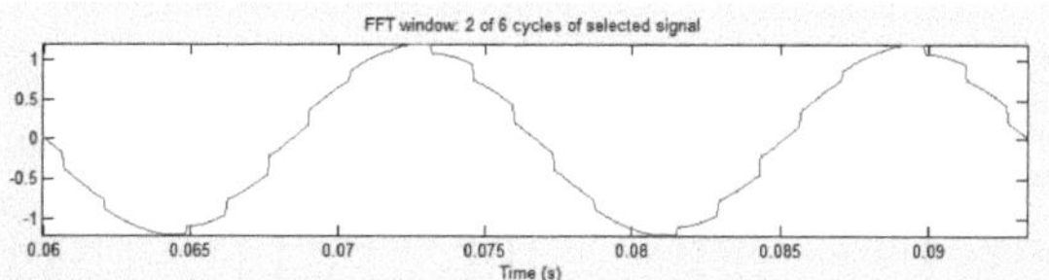

Figura (3.3) Forma de onda da corrente no barramento 1

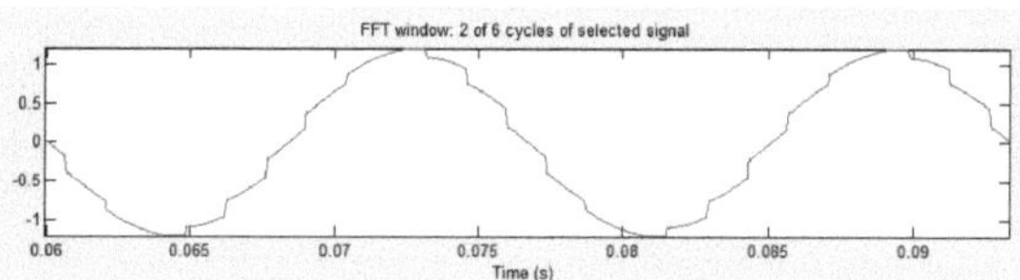

Figura (3.4) Forma de onda da corrente no barramento 2

Os gráficos de barras da tensão e da corrente no barramento 1 e da corrente no barramento 2 são os seguintes

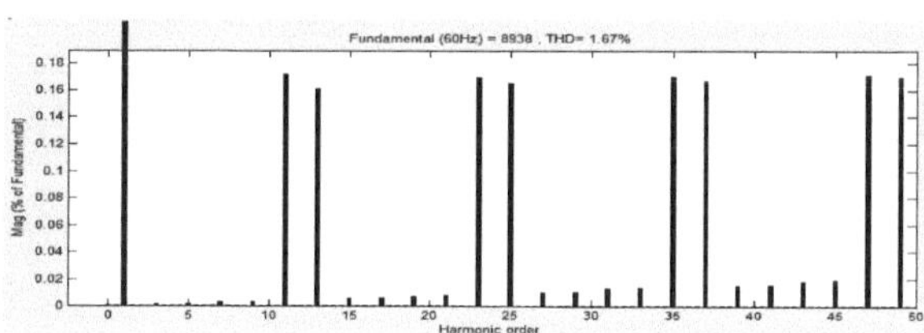

Figura (3.5) Gráfico de barras para a tensão no barramento 1

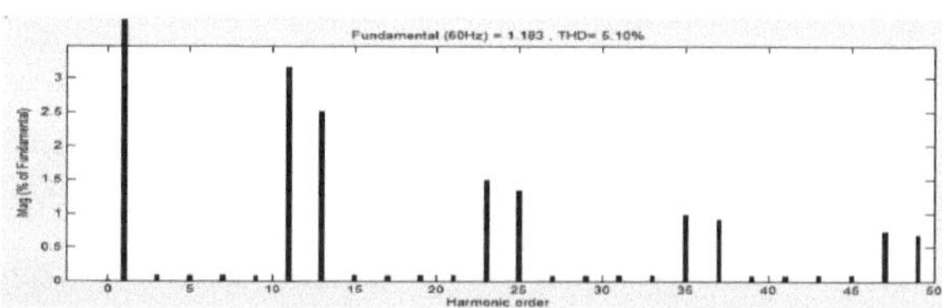

Figura (3.6) Gráfico de barras para a corrente no barramento 1

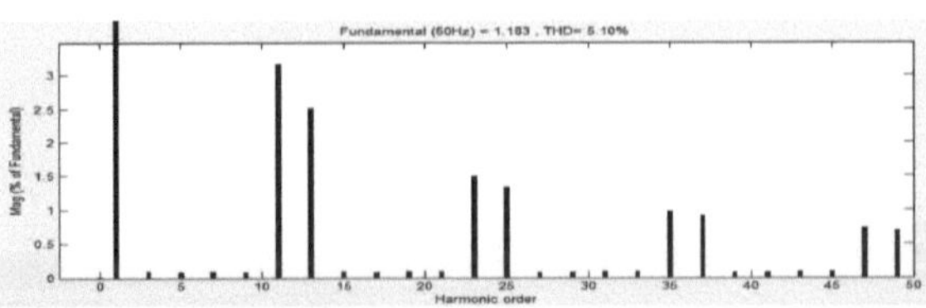

Figura (3.7) Gráfico de barras para a corrente no barramento 2

Podem ser observadas as distorções nas formas de onda das tensões e das correntes. Para obter a THD exacta do sistema, os valores da tensão e da corrente no barramento 1 e da corrente no barramento 2 são apresentados em forma de tabela,

Quantidades \ Sistemas	Sistema sem métodos HM Magnitude (V, A) e THD (%)
Tensão e THD no barramento 1, THD(Vabc)	8943V, 1.78
Corrente e THD no barramento 1, THD(Iabc1)	1.25A, 5.68
Corrente e THD no barramento 2, THD(Iabc2)	1.25A, 5.68

Tabela (3.1) Valores de THD do sistema sem qualquer método de atenuação

A partir das formas de onda, gráficos de barras e tabelas acima, pode concluir-se que este sistema tem conteúdo harmónico. Este facto distorce a forma de onda original da tensão e da corrente da fonte. Esta não é uma condição desejável para a empresa de serviços públicos e para o próprio sistema.

3.3 Solução

Assim, estes conteúdos harmónicos devem ser eliminados ou reduzidos para limites admissíveis. Este projeto utiliza dois métodos, i.e. Filtro Sintonizado e Transformador de Isolamento, para resolver este problema. Estes métodos devem ser aplicados entre os barramentos 1 e 2. As formas de onda de tensão e corrente no barramento 1 e a forma de onda de corrente no barramento 2 são sempre medidas em casos diferentes. Estes métodos são explicados resumidamente.

3.3.1 Filtro sintonizado: No capítulo anterior, o filtro sintonizado com as suas vantagens e desvantagens é explicado resumidamente. Neste capítulo, são apresentados os tipos de filtro sintonizado e alguns cálculos relacionados. O filtro sintonizado é dos seguintes tipos

[1] Filtro simples sintonizado

[2] Filtro duplo sintonizado

[3] Filtro passa-alto

[4] Filtro passa-alto tipo C

- O filtro sintonizado simples é o filtro passivo sintonizado numa frequência para fornecer uma impedância muito baixa e desviar eficazmente a maioria dos harmónicos nessa frequência. A impedância do ramo do filtro é dada por

$$Z = R + j[wL - \frac{1}{wC}] \quad ...\ (7)$$

E a frequência para a qual o filtro está sintonizado,

$$f = \frac{1}{[2\pi\sqrt{LC}]} \quad ...\ (8)$$

- O filtro duplo sintonizado é o filtro passivo sintonizado em duas frequências para fornecer uma impedância muito baixa ao componente de par harmónico. Contém dois circuitos ressonantes, ou seja, um circuito RLC série e um circuito RLC paralelo. É sintonizado a duas frequências, f_1 e f_2, para fornecer um caminho de baixa impedância para os harmónicos. A partir do diagrama (I), a impedância total do circuito DTF é dada por

$$Z = \left(jw_0L_1 + \frac{1}{jw_0C_1}\right) + [(jw_0L_2)^{-1} + \left(\frac{1}{jw_0C_2}\right)^{-1} + R^{-1}]^{-1} \quad ...\ (9)$$

As frequências de ressonância são

$$w_{r_{1,2}} = \frac{1}{\sqrt{L_{1,2}C_{1,2}}} \quad ...\ (10)$$

- Os filtros passa-alto são utilizados para filtrar harmónicos de ordem superior e abrangem uma vasta gama de frequências. A impedância do ramo do filtro é dada por

$$Z = \frac{1}{jwC} + \frac{RjwL}{R+jwL} \quad ...\ (11)$$

A frequência de sintonização é determinada por

$$w = \sqrt{\frac{1}{LC-(\frac{L}{R})^2}}$$ ... (12)

- Um tipo especial de filtro passa-alto, o filtro passa-alto do tipo C, é utilizado para fornecer potência reactiva e evitar ressonâncias paralelas. Também permite filtrar harmónicos de baixa ordem (como o 3.º), mantendo perdas nulas na frequência fundamental. A impedância do ramo do filtro é dada por

$$Z = \frac{1}{jwC1} + \frac{Rj\left[wL-\frac{1}{wC}\right]}{R+j\left[wL-\frac{1}{wC}\right]}$$ ... (13)

Esta equação da impedância acima pode ser resolvida para determinar a frequência de sintonização. Ou então, as fórmulas seguintes são retiradas do documento apresentado na referência. O valor do condensador C_1 é dado por

$$C_1 = \frac{Q_{power}}{w_0 V^2}$$ ... (14)

O valor do indutor L é dado por

$$L = \frac{1}{w_r^2 C_1}$$ ... (15)

O valor do condensadorC_2 é dado por

$$C_2 = \frac{C_1 L}{R^2 C_1 - L}$$ ... (16)

E as fórmulas para o fator de qualidade, a potência reactiva e a potência ativa são dadas a seguir (estas fórmulas são retiradas da referência)

$$Quality\ Factor = \frac{X_{eq}}{R_{eq}}$$ ... (17)

$$Reactive\ Power, Q_c = \frac{V^2}{X_c} * \frac{h^2}{h^2-1}$$ ... (18)

$$Active\ Power = Q_c * \frac{h}{h^2-1} * \frac{1}{Q_{factor}}$$ ... (19)

Em que V = tensão nominal do sistema,

X_c ouX_{eq} = reactância equivalente do filtro à frequência fundamental,

R_{eq} = resistência equivalente do filtro,

h = número harmónico

3.3.2 Transformador de isolamento: Esta secção apresenta uma revisão sobre o transformador de isolamento e as suas diferentes formas de acordo com as diferentes cargas. O funcionamento do transformador de isolamento baseia-se no princípio do "escudo ou gaiola de Faraday". Utiliza um escudo eletrostático entre o enrolamento primário e secundário. Por vezes, é conhecido como transformador dedicado (se N1 não for igual a N2) (N1 são as voltas primárias e N2 são as voltas secundárias) e, por vezes, como transformador de isolamento de acionamento (se for utilizado antes de um sistema de acionamento de velocidade ajustável). O princípio, a construção e o funcionamento são explicados mais adiante. A construção do transformador de isolamento é baseada na empresa SQUARE D.

3.3.2.1 Princípio de funcionamento do transformador de isolamento: O princípio de funcionamento do transformador de isolamento baseia-se no ecrã ou escudo de Faraday. Um transformador com relação de transformação unitária (ou seja, 1:1) é fornecido com uma "blindagem eletrostática" ligada à terra, ou seja, a blindagem está ligada à terra, de modo a transferir as ondas indesejadas para a terra. Esta blindagem proporciona um caminho de baixa impedância devido ao acoplamento de reactância entre o enrolamento primário-secundário e a blindagem, para reduzir os transientes, os ruídos e as correntes de sequência zero existentes em condições anormais e ajuda a contornar as perturbações de modos comuns para o lado do enrolamento gerador (qualquer um dos enrolamentos do transformador).

As figuras seguintes mostram dois casos.

A figura (3.8) mostra o percurso dos transientes devido ao acoplamento capacitivo entre os enrolamentos primário e secundário e afecta as cargas sensíveis em termos de desempenho ineficiente.

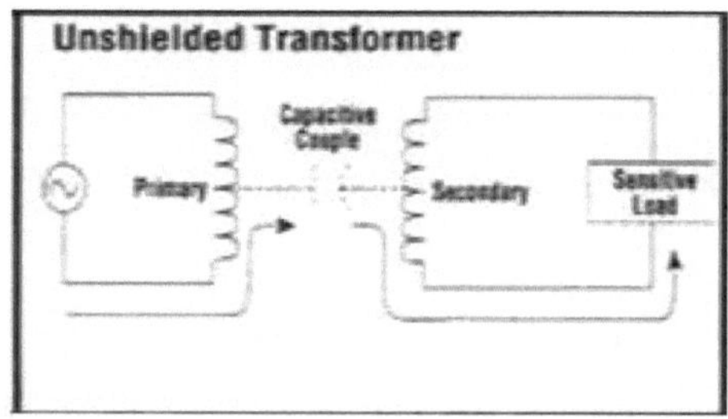

Figura (3.8) Transformador sem blindagem

A figura (3.9) mostra um transformador com blindagem eletrostática, que ajuda a desviar os transientes para a terra, provenientes do enrolamento primário.

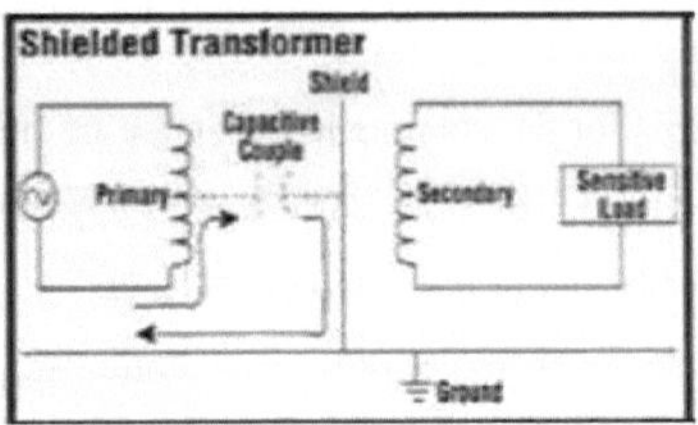

Figura (3.9) Transformador blindado

A figura (3.10) mostra um transformador de isolamento geral com as suas caraterísticas típicas, ou seja, relação de transformação unitária e uma "barreira constituída por material dielétrico" ou isolamento extra entre os enrolamentos. Pode ser designado por duplo isolamento.

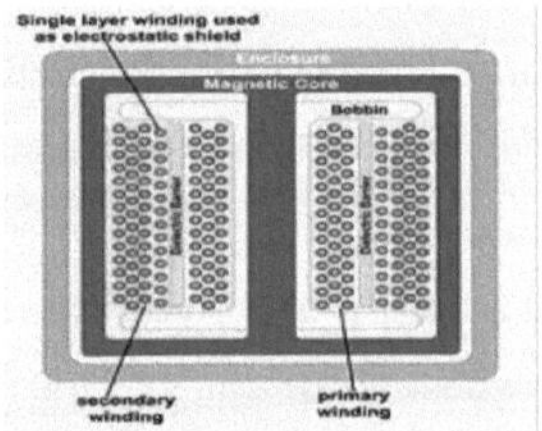

Figura (3.10) Transformador de isolamento geral

A figura (3.11) mostra o símbolo do circuito utilizado para o transformador com blindagem eletrostática que impede o acoplamento capacitivo entre os enrolamentos. A linha a tracejado indica a blindagem eletrostática.

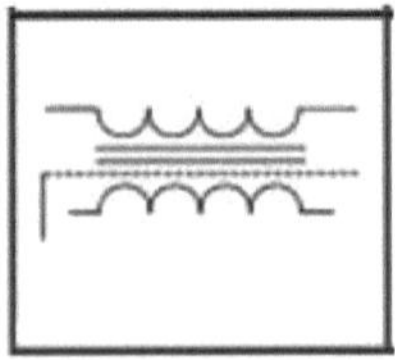

Figura (3.11) Símbolo do circuito do transformador de isolamento

3.3.2.2 Construções e operações:

A blindagem ou ecrã utilizado entre os enrolamentos primário e secundário do transformador de isolamento é uma folha de cobre ou uma única camada de fio ou condutor isolado, mas deve ser ligado à terra1. Geralmente, o rácio de transformação é unitário e a sua configuração típica é delta primário e wye secundário para fins de qualidade de energia.

O transformador de isolamento é utilizado em diferentes locais com algumas modificações na sua construção, mas utilizando o mesmo princípio.

- Transformador de isolamento dedicado: É o transformador de isolamento com rácio de transformação não unitário. É utilizado para reduzir ruídos e transientes eléctricos de baixa e alta frequência. É utilizado para reduzir a inter-harmónica, o entalhe da tensão, a comutação de condensadores e os transientes de iluminação. Também permite ao utilizador definir uma nova referência de terra que limitará as tensões neutro-terra em cargas sensíveis.

- Transformador de isolamento do acionamento: É o transformador de isolamento utilizado antes dos accionamentos ajustáveis (motores CA ou CC). Proporciona um controlo reativo dos harmónicos da corrente. Diminui a distorção da forma de onda da corrente e melhora o fator de potência. Reduz a distorção da forma de onda da tensão e evita afetar as cargas sensíveis. É do tipo de entrada por pontes estáticas ou por comutador SCR. Pode ser acionado de duas formas:

    - Se o seu secundário não estiver ligado à terra ou se for utilizada uma resistência ligada à terra com um valor elevado de resistência, a blindagem eletrostática pode ser útil.

    - Se o seu secundário estiver ligado à terra, o ruído de modo comum do lado primário não pode ser induzido entre o neutro e a terra porque todos os ruídos estão ligados à terra, ou seja, a blindagem eletrostática não é útil neste caso.

As duas principais funções deste transformador de isolamento para acionamento são a redução da distorção harmónica e o entalhe da tensão. A figura (3.12) mostra os transformadores de isolamento do variador de velocidade, que reduzem os efeitos da distorção harmónica da tensão dos variadores de frequência ajustável e de corrente contínua. Pode ver-se que está ligado antes do variador de velocidade e que evita que outras cargas sofram a distorção harmónica produzida devido a diferentes sistemas de variadores de velocidade.

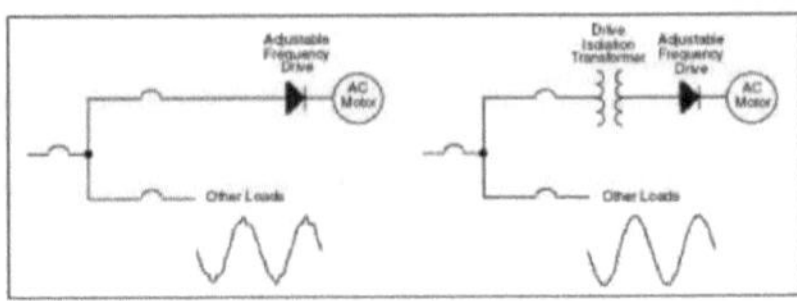

Figura (3.12) Efeito do transformador de isolamento do conversor nos harmónicos

Do mesmo modo, na figura (3.13), é utilizado para reduzir o entalhe da tensão da fonte.

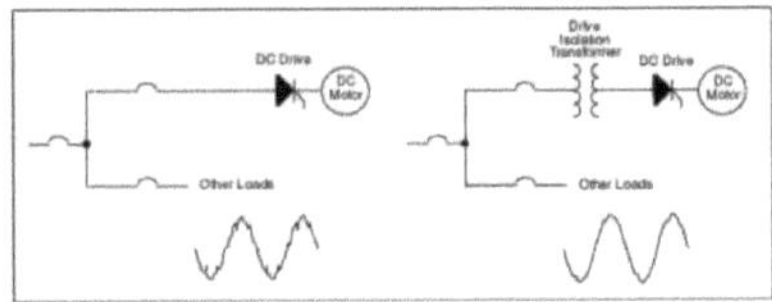

Figura (3.13) Efeito do transformador de isolamento de acionamento no entalhe da tensão

Num transformador sem blindagem eletrostática, está presente um acoplamento capacitivo entre os enrolamentos primário e secundário. O ruído de modo comum ou o transitório de linha para a terra podem viajar através deste acoplamento eletrostático devido à capacitância existente entre o enrolamento primário e secundário . Este acoplamento capacitivo é também responsável pela introdução de distorção não linear a baixa frequência. Mas um transformador de isolamento com uma blindagem eletrostática pode provocar um curto-circuito capacitivo à terra, ou seja, proporcionar um caminho de baixa resistência à terra para sinais indesejados de alta frequência. Esta blindagem de Faraday eletrostática protege principalmente os dispositivos sensíveis dos ruídos eléctricos e dos transitórios dos modos comuns6. Neste caso, os harmónicos são atenuados por factores que variam de 1,9 a 5,47.

A figura (3.14) mostra a atenuação do ruído de modo comum através da utilização de um transformador de isolamento blindado. Assim, o lado secundário é menos afetado. Se for utilizado um filtro atenuador, o ruído de modo comum não precisa de ser considerado. A figura (3.15) mostra a atenuação do modo transversal através de um transformador de isolamento.

Figura (3.14) Atenuação do ruído de modo comum utilizando um transformador de isolamento blindado

Figura (3.15) Atenuação do ruído em modo transversal utilizando um transformador de isolamento blindado

É mais importante no caso em que o enrolamento secundário do transformador não está ligado à terra. Os transientes no lado de alta tensão de um transformador podem aumentar drasticamente a tensão de pico observada no enrolamento secundário não ligado à terra em comparação com a do enrolamento ligado à terra.

3.4. Conclusão

Este capítulo conclui que o sistema adotado no âmbito deste projeto apresenta harmónicas nas formas de onda da tensão e da corrente em ambos os lados, o que não é admissível devido aos seus efeitos adversos no sistema. Isto pode ser reduzido através da utilização de diferentes tipos de TFs e de transformadores de isolamento. Os modelos do simulink para ambos os métodos são apresentados no capítulo seguinte.

Capítulo - VI

METODOLOGIA

4.1 Antecedentes

Neste capítulo, ambas as técnicas de atenuação de harmónicas são simuladas no simulador MATLAB. Os TFs são de quatro tipos. Todos os tipos são simulados e explicados aqui.

4.2 Modelo Simulink para o sistema com filtro sintonizado

Obtém-se assim o modelo em simulador do sistema tomado com o filtro sintonizado como técnica de atenuação de harmónicas. A posição do filtro sintonizado, a ser instalado, é dada aqui. A partir da figura, pode ver-se que os diferentes filtros são instalados entre o barramento 1 e o barramento 2.

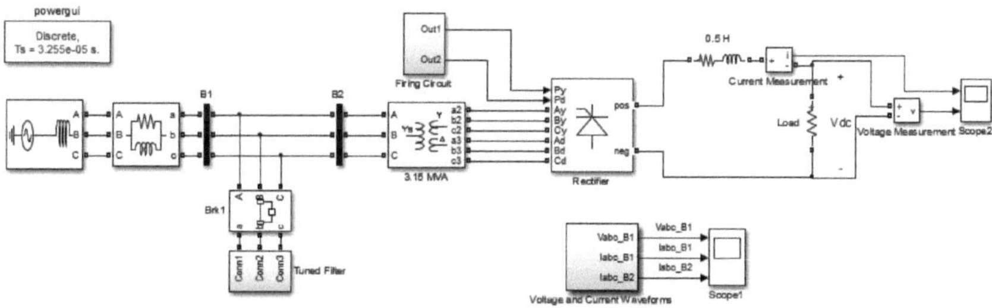

Figura (4.1) Sistema com TF

Os modelos do simulador dos diferentes filtros sintonizados são descritos nas secções seguintes. As formas de onda da tensão e da corrente no barramento 1 e da corrente no barramento 2 também são medidas de forma correspondente. As tabelas são também apresentadas para comparar os diferentes métodos e encontrar o melhor método entre todos.

4.2.1 Modelo Simulink para o sistema com STF

Apresenta o modelo em simulador do sistema com o filtro sintonizado simples como técnica de atenuação de harmónicas. Apresenta também as formas de onda, os gráficos de barras e a tabela para o sistema com STF. Compara os valores medidos com o sistema sem quaisquer técnicas de atenuação. Conclui com as vantagens e desvantagens dos métodos em termos de THD e magnitude da tensão e das correntes em dois barramentos.

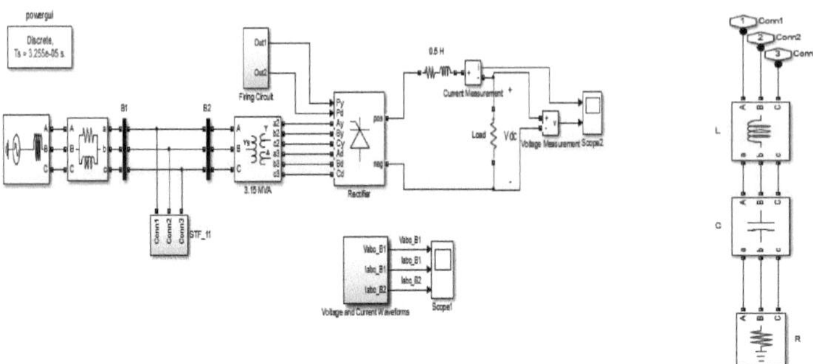

Figura (4.2) Sistema com STF

Figura (4.3) Diagrama do simulador do STF

Este é um diagrama do simulink utilizado para simular o STF.

4.2.2 Modelo Simulink para o sistema com DTF

Apresenta o modelo em simulador do sistema com o filtro duplo sintonizado como técnica de atenuação de harmónicas. Apresenta também as formas de onda, os gráficos de barras e a tabela para o sistema com DTF. Compara os valores medidos com o sistema sem quaisquer técnicas de atenuação. Conclui com as vantagens e desvantagens dos métodos em termos de THD e magnitude da tensão e das correntes em dois barramentos.

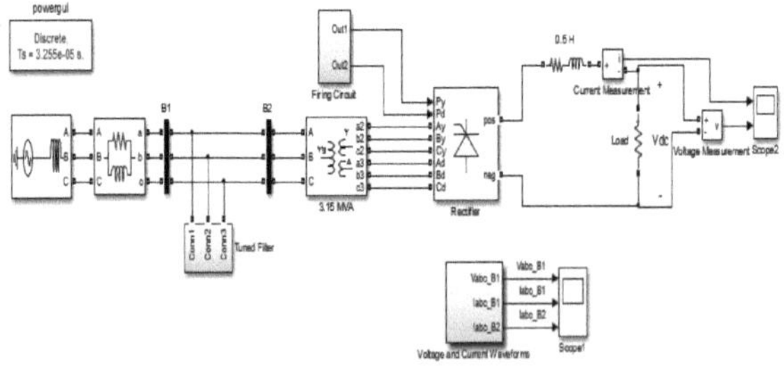

Figura (4.4) Sistema com DTF

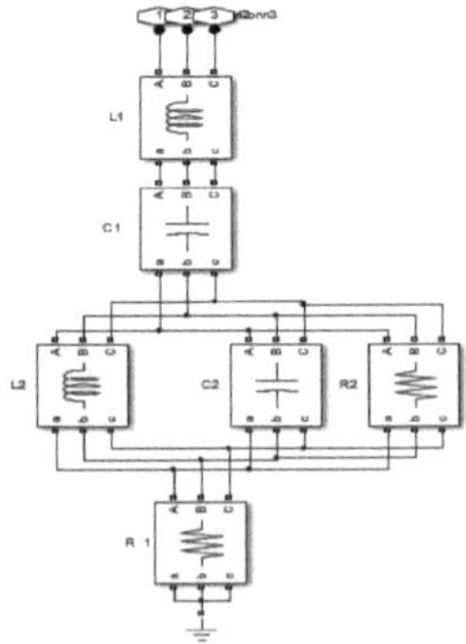

Figura (4.5) Diagrama do simulador do DTF

4.2.3 Modelo Simulink para o sistema com HPF

Este capítulo apresenta o modelo em simulador do sistema com o filtro passa-alto como técnica de atenuação de harmónicas. Apresenta também as formas de onda, os gráficos de barras e a tabela para o sistema com HPF. Compara os valores medidos com o sistema sem quaisquer técnicas de atenuação. Conclui com as vantagens e desvantagens dos métodos em termos de THD e magnitude da tensão e das correntes em dois barramentos.

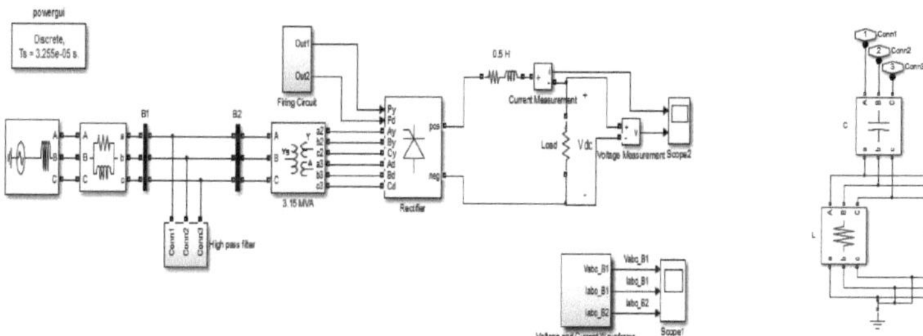

Figura (4.6) Sistema com HPF

Figura (4.7) Modelo Simulink do HPF

4.2.4 Modelo Simulink para o sistema com CHPF

Este capítulo apresenta o modelo em simulador do sistema com o filtro passa-baixas do tipo C como técnica de atenuação de harmónicas. Apresenta também as formas de onda, os gráficos de barras e a tabela para o sistema com CHPF. Compara os valores medidos com o sistema sem quaisquer técnicas de atenuação. Conclui com as vantagens e desvantagens dos métodos em termos de THD e magnitude da tensão e das correntes em dois barramentos.

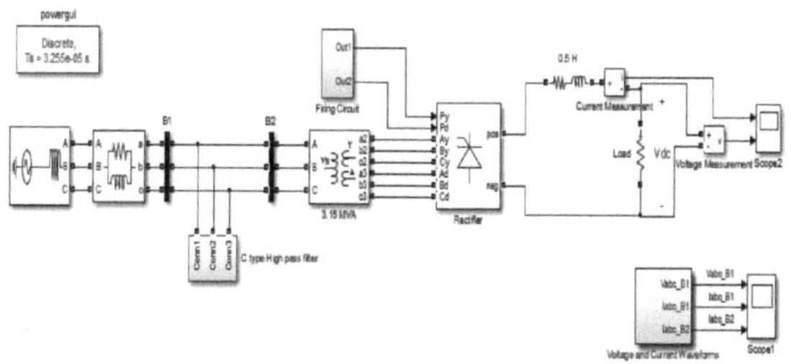

Figura (4.8) Sistema com CHPF

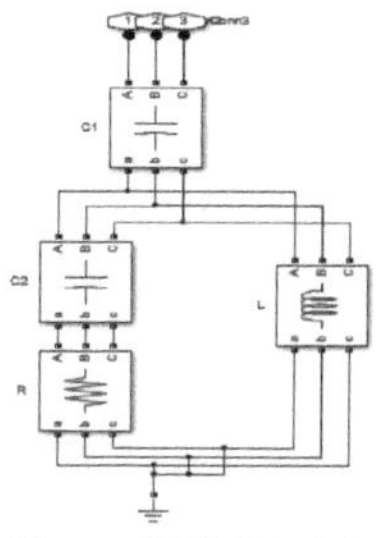

Figura (4.9) Modelo Simulink da CHPF

4.3 Modelo Simulink para o sistema com transformador de isolamento

Este capítulo apresenta o modelo em simulador do sistema tomado com o transformador de isolamento como técnica de atenuação de harmónicas. O transformador de isolamento é modelado em MATLAB para funcionar como uma técnica de atenuação de harmónicas.

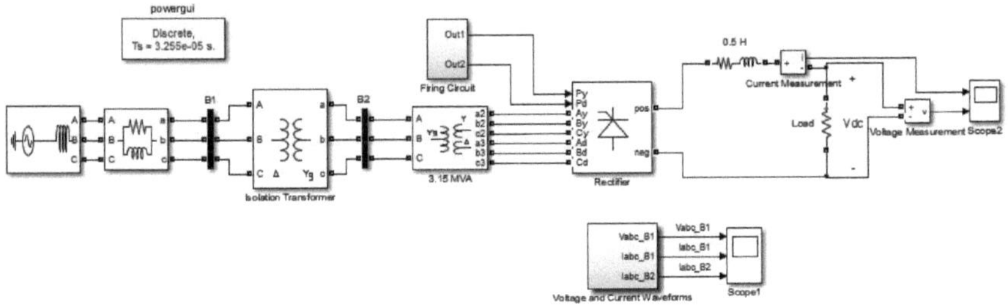

Figura (4.10) Sistema com transformador de isolamento

O transformador de isolamento tem uma relação de transformação unitária e uma configuração de enrolamento Delta-Wye. Estas duas propriedades são utilizadas para simular o transformador de isolamento no simulador MATLAB.

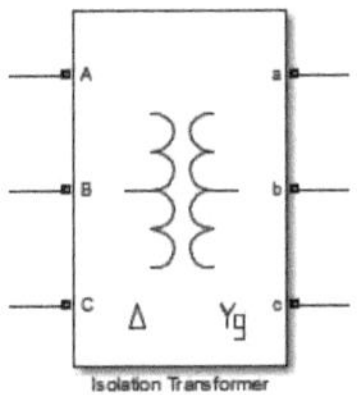

Figura (4.11) Modelo Simulink do transformador de isolamento

4.4 Modelo Simulink para o sistema com técnica híbrida

Este capítulo apresenta o modelo em simulador do sistema com a solução híbrida, ou seja, a utilização do filtro sintonizado e do transformador de isolamento, para reduzir a técnica de mitigação de harmónicas. Apresenta também as formas de onda, os gráficos de barras e a tabela para o sistema com o método híbrido. Compara os valores medidos com o sistema sem quaisquer técnicas de atenuação. Conclui com as vantagens e desvantagens dos métodos em termos de THD e magnitude da tensão e das correntes em dois barramentos.

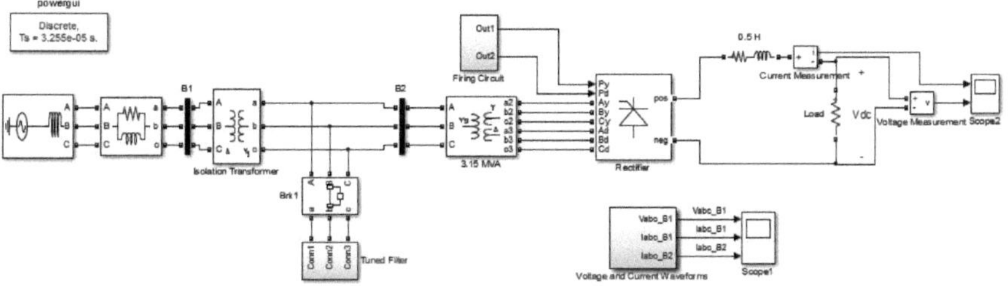

Figura (4.12) Sistema com método híbrido

A solução híbrida para o conteúdo de harmónicos no sistema é

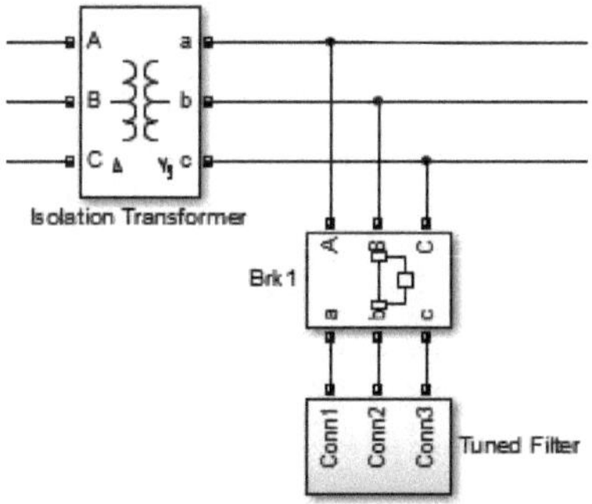

Figura (4.13) Modelo em simulador do método híbrido

4.5 Conclusão

Este capítulo conclui com todos os modelos em simulador deste projeto. Também apresenta os circuitos em simulink para todos os TFs. Todas as técnicas de atenuação de harmónicos são aplicadas entre os barramentos 1 e 2, para evitar o seu efeito no lado da rede eléctrica. Todas as técnicas devem ser comparadas de acordo com os resultados medidos em termos de valores de THD no próximo capítulo.

Capítulo - V

RESULTADOS E DEBATES

5.1 Antecedentes

Este capítulo apresenta os resultados de todos os modelos do simulador apresentados no capítulo anterior. Estes resultados são obtidos sob a forma de formas de onda e gráficos de barras das tensões e correntes distorcidas. Para conhecer os valores exactos das THDs em todas as condições, é também apresentada uma tabela de comparação para cada método.

5.2 Formas de onda, gráficos de barras e tabelas

5.2.1 Sistema com STF

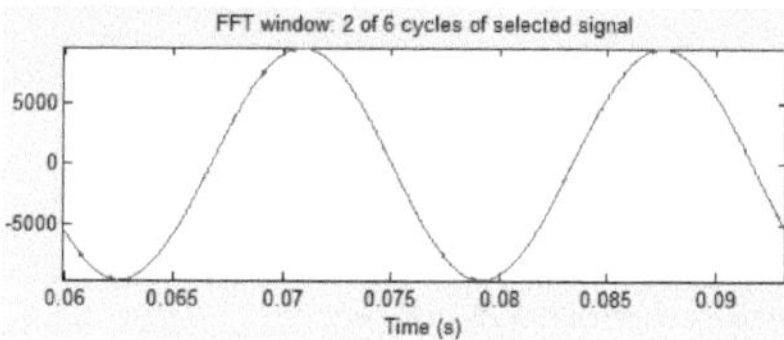

Figura (5.1) Forma de onda da tensão no barramento 1

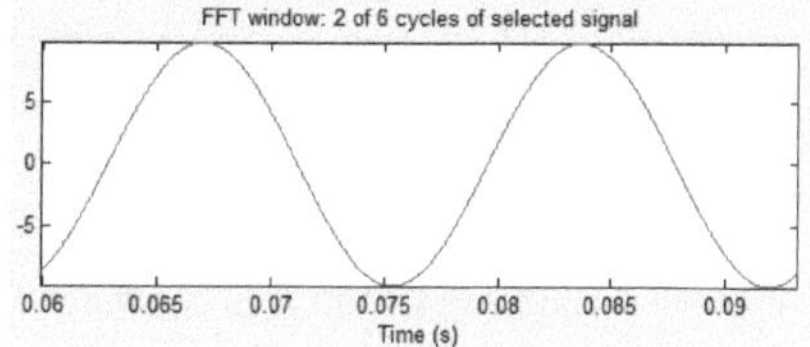

Figura (5.2) Forma de onda da corrente no barramento 1

Os gráficos de barras da tensão e da corrente no barramento 1 são apresentados a seguir:

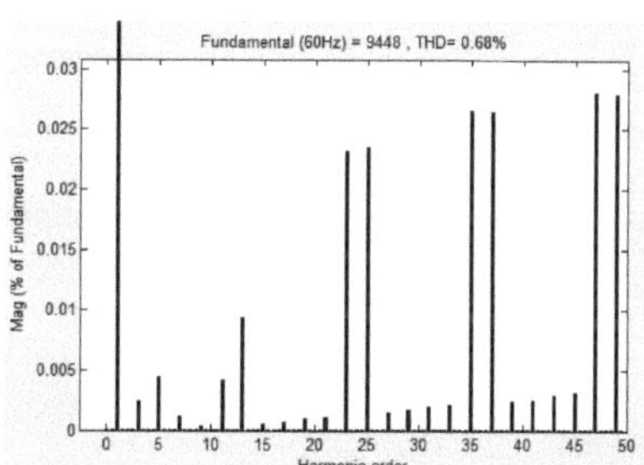

Figura (5.3) Gráfico de barras da tensão no barramento 1

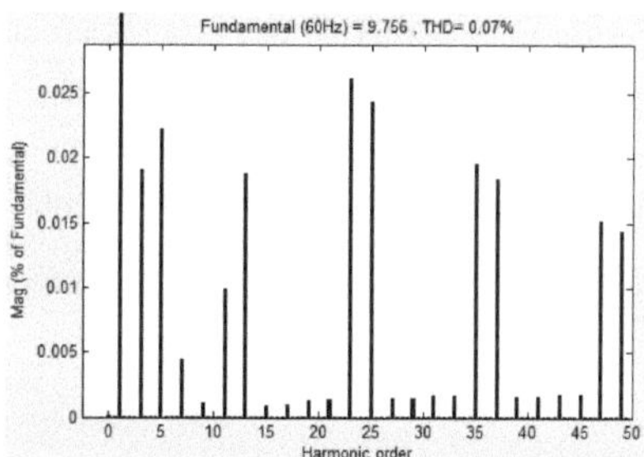

Figura (5.4) Gráfico de barras da corrente no barramento 1

A comparação dos valores de THD do sistema adotado sem qualquer técnica de mitigação e do sistema com STF é apresentada na tabela seguinte.

Quantidades \ Sistemas	Sistema sem quaisquer métodos HM (%)	Sistema com STF (%)
Tensão e THD no barramento 1, THD (Vabc)	8938V 1.67	9448V 0.68
Corrente e THD no barramento 1, THD (Iabc1)	1.18A 5.10	9.756A 0.07
Corrente e THD no barramento 2, THD (Iabc2)	1.18A 5.10	1.251A 5.17

Tabela (5.1) Comparação entre os valores de THD do sistema padrão e do sistema com STF

5.2.2 Sistema com DTF

A forma de onda da tensão e da corrente no barramento 1 é mostrada abaixo:

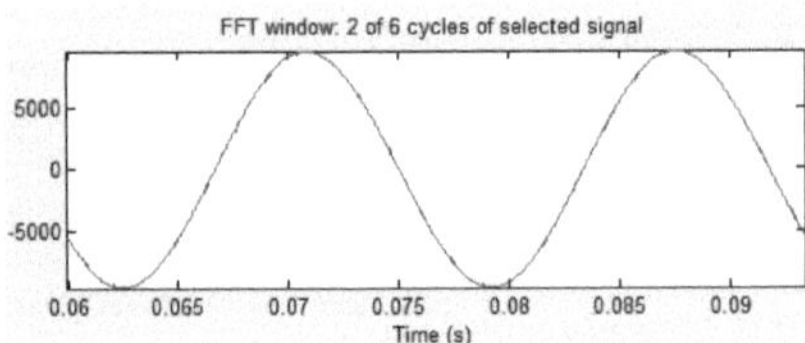

Figura (5.5) Forma de onda da tensão no barramento 1

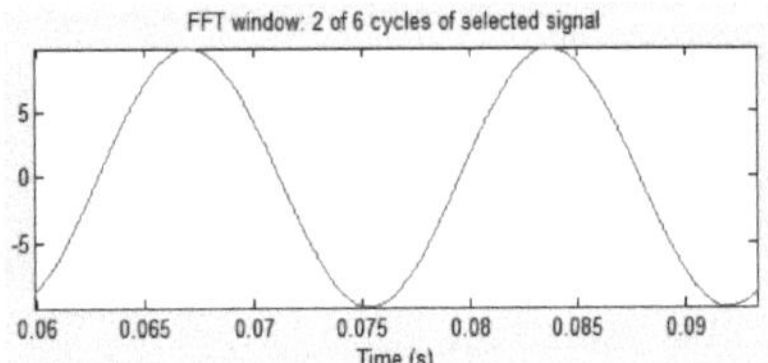

Figura (5.6) Forma de onda da corrente no barramento 1

Os gráficos de barras para ambas as quantidades são apresentados abaixo:

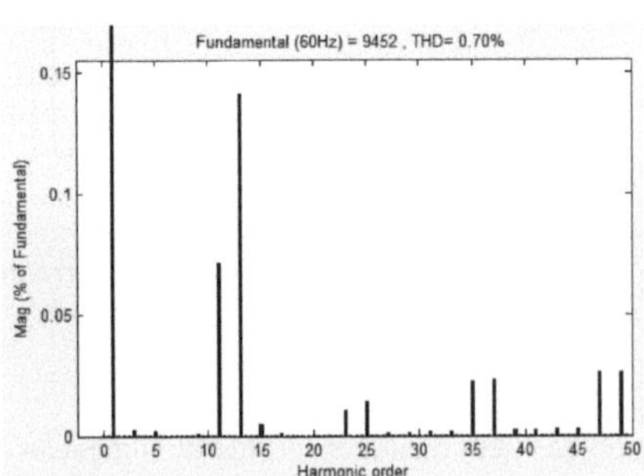

Figura (5.7) Gráfico de barras da tensão no barramento 1

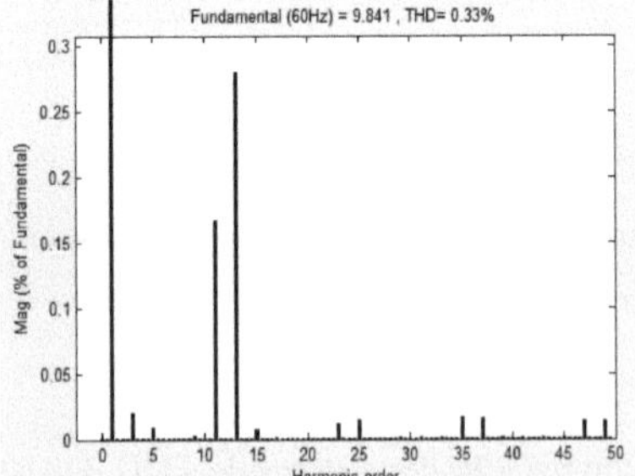

Figura (5.8) Gráfico de barras da corrente no barramento 1

A comparação dos valores de THD do sistema adotado sem qualquer técnica de atenuação e do sistema com DTF é apresentada na tabela seguinte.

Quantidades \ Sistemas	Sistema sem quaisquer métodos HM (%)	Sistema com DTF (%)
Tensão e THD no barramento 1, THD(Vabc)	8938V 1.67	9452V 0.70
Corrente e THD no barramento 1, THD(Iabc1)	1.18A 5.10	9.8A 0.33
Corrente e THD no barramento 2, THD(Iabc2)	1.18A 5.10	1.251A 5.15

Tabela (5.2) Comparação entre os valores de THD do sistema padrão e os do sistema com DTF

5.2.3 Sistema com HPF

A forma de onda da tensão e da corrente é apresentada abaixo:

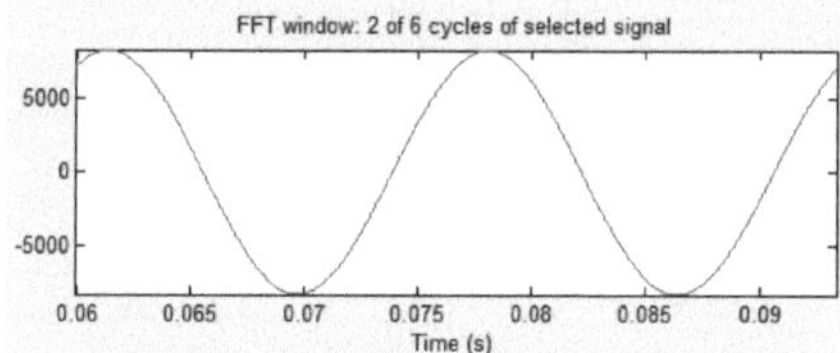

Figura (5.9) Forma de onda da tensão no barramento 1

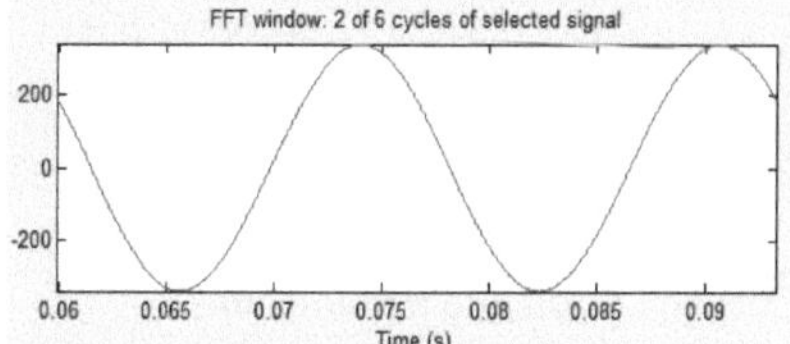

Figura (5.10) Forma de onda da corrente no barramento 1

Os gráficos de barras para a tensão e a corrente são apresentados abaixo:

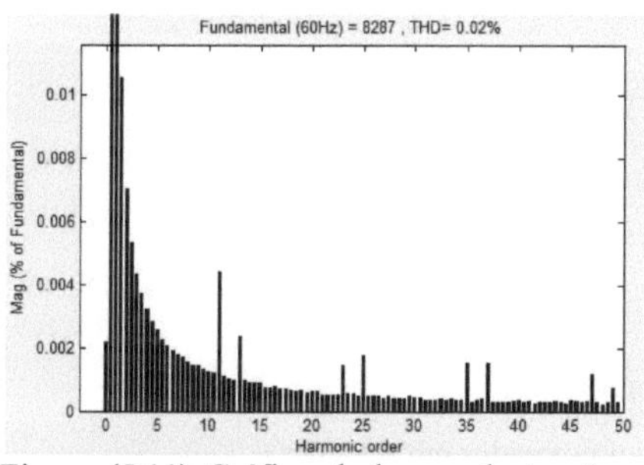

Figura (5.11) Gráfico de barras da tensão no barramento 1

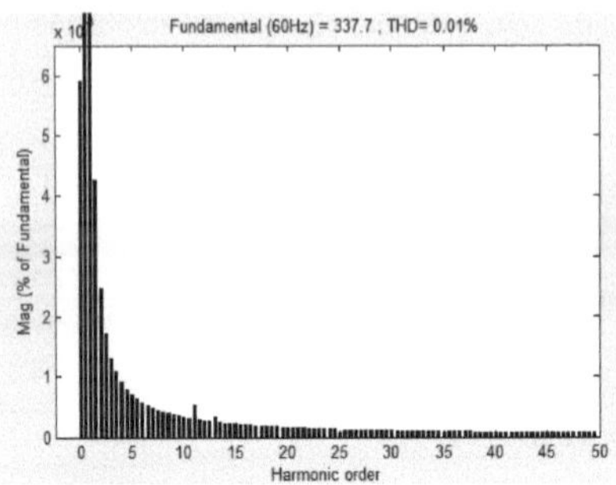

Figura (5.12) Gráfico de barras da corrente no barramento

A comparação dos valores de THD do sistema adotado sem qualquer técnica de atenuação e do sistema com HPF é apresentada na tabela seguinte.

Quantidades \ Sistemas	Sistema sem quaisquer métodos HM (%)	Sistema com HPF (%)
Tensão e THD no barramento 1, THD(Vabc)	8938V 1.67	8287V 0.02
Corrente e THD no barramento 1, THD(Iabc1)	1.18A 5.10	337.7A 0.01
Corrente e THD no barramento 2, THD(Iabc2)	1.18A 5.10	1.097A 5.18

Tabela (5.3) Comparação entre os valores de THD do sistema padrão e do sistema com HPF

5.2.4 Sistema com CHPF

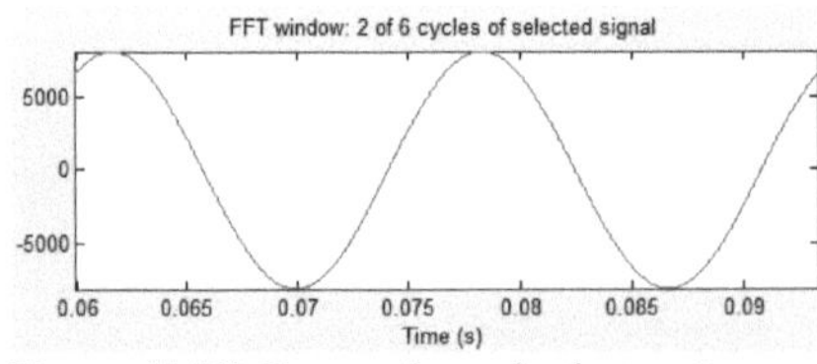

Figura (5.13) Forma de onda da tensão no barramento1

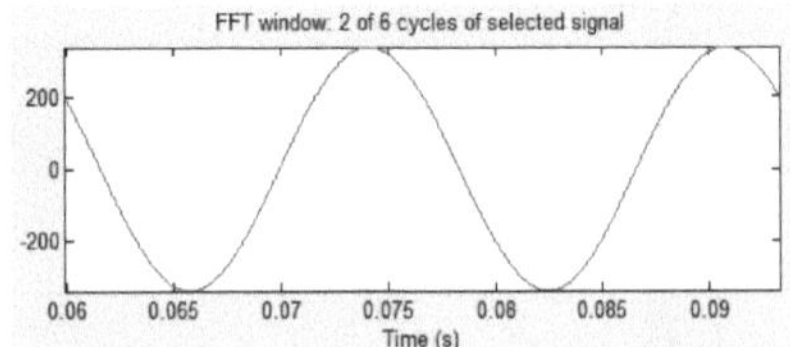

Figura (5.14) Forma de onda da corrente no barramento 1

Os gráficos de barras da tensão e da corrente são apresentados em seguida:

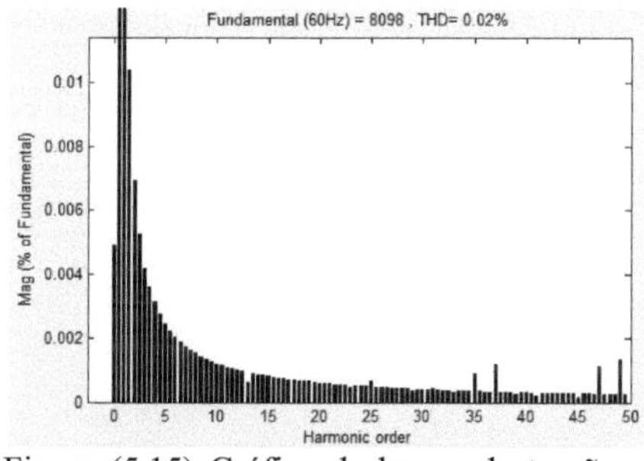

Figura (5.15) Gráfico de barras da tensão no barramento 1

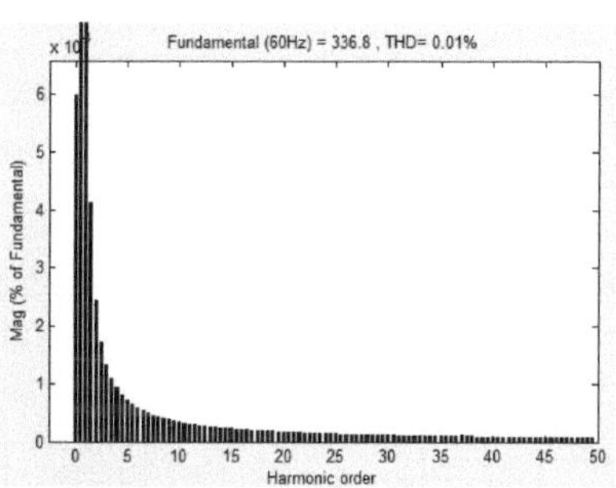

Figura (5.16) Gráfico de barras da corrente no barramento 1

A comparação dos valores de THD do sistema adotado sem qualquer técnica de atenuação e do sistema com CHPF é apresentada na tabela seguinte.

Quantidades \ Sistemas	Sistema sem quaisquer métodos HM (%)	Sistema com CHPF (%)
Tensão e THD no barramento 1, THD(Vabc)	8938V 1.67	8098V 0.02
Corrente e THD no barramento 1, THD(Iabc1)	1.18A 5.10	336.8A 0.01
Corrente e THD no barramento 2, THD(Iabc2)	1.18A 5.10	1.072A 5.18

Tabela (5.4) Comparação entre os valores de THD do sistema padrão e do sistema com CHPF

5.2.5 Sistema com transformador de isolamento

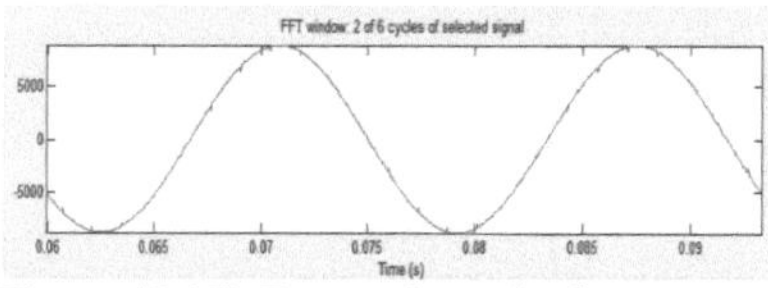

Figura (5.17) Forma de onda da tensão no barramento1

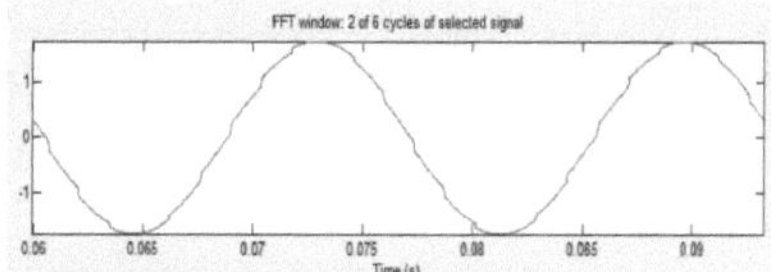

Figura (5.18) Forma de onda da corrente no barramento 1

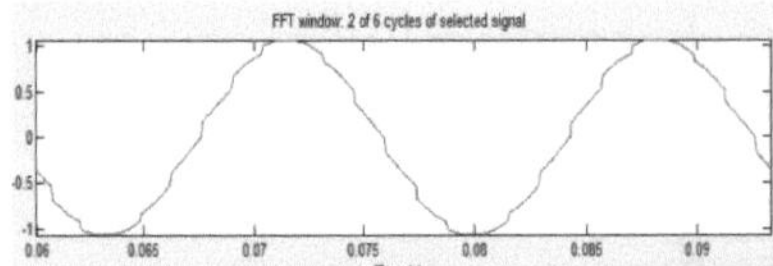

Figura (5.19) Forma de onda da corrente no barramento2

Os gráficos de barras de todas as quantidades são apresentados como

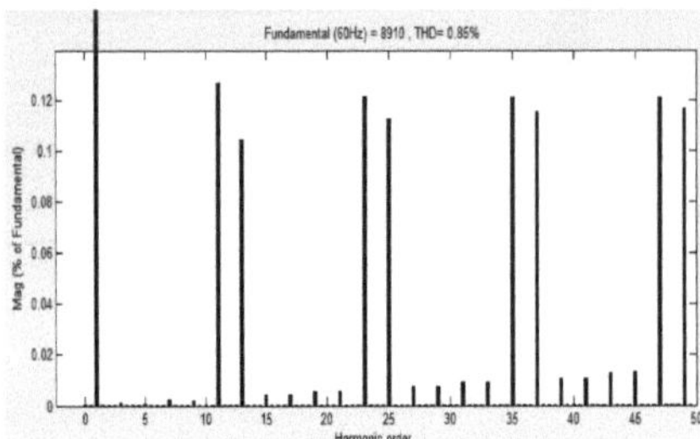

Figura (5.20) Gráfico de barras da tensão no barramento 1

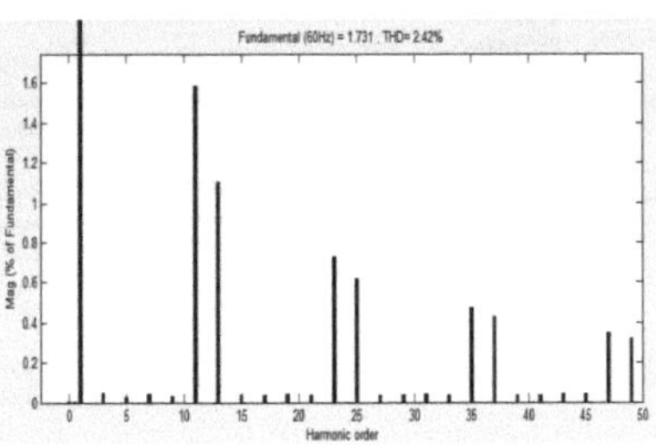

Figura (5.21) Forma de onda da corrente no barramento 1

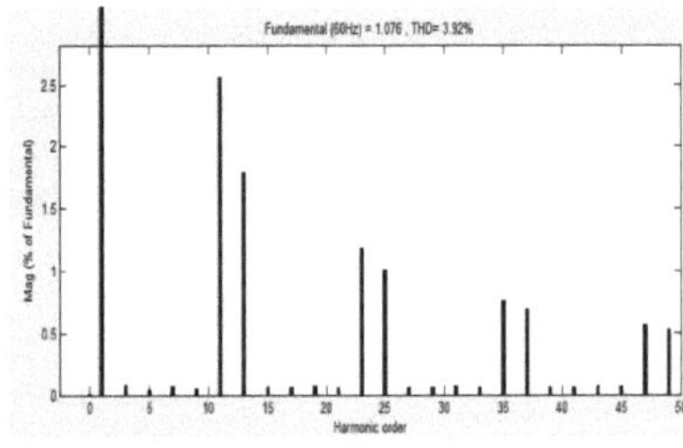

Figura (5.22) Gráfico de barras da corrente no barramento 2

A comparação dos valores de THD do sistema adotado sem qualquer técnica de atenuação e do sistema com transformador de isolamento é apresentada na tabela seguinte.

Quantidades \ Sistemas	Sistema sem quaisquer métodos HM (%)	Sistema com transformador de isolamento (%)
Tensão e THD no barramento 1, THD(Vabc)	8938V 1.67	8910V 0.85

Corrente e THD no barramento 1, THD(Iabc1)	1.18A 5.10	1.73A 2.42
Corrente e THD no barramento 2, THD(Iabc2)	1.18A 5.10	1.076A 3.92

Tabela (5.5) Comparação entre os valores de THD do sistema padrão e do sistema com transformador de isolamento

5.2.6 Sistema com método híbrido

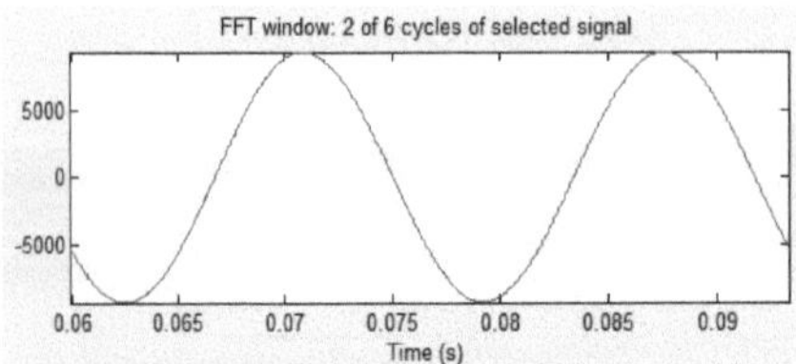

Figura (5.23) Forma de onda da tensão no barramento 1

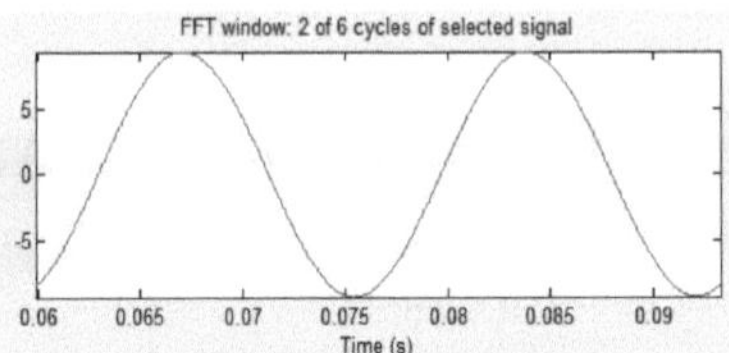

Figura (5.24) Forma de onda da corrente no barramento 1

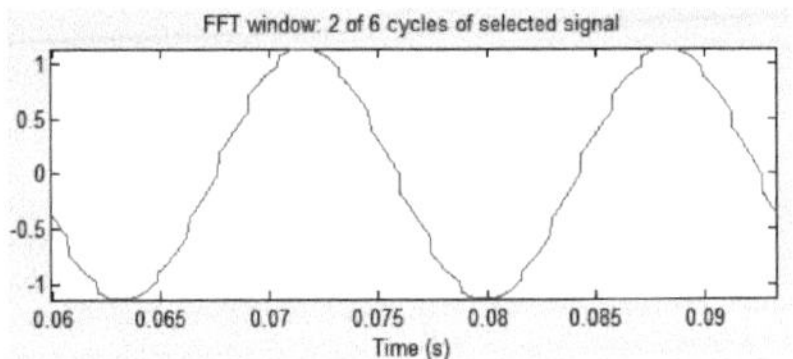

Figura (5.25) Forma de onda da corrente no barramento 2

Os gráficos de barras são apresentados abaixo:

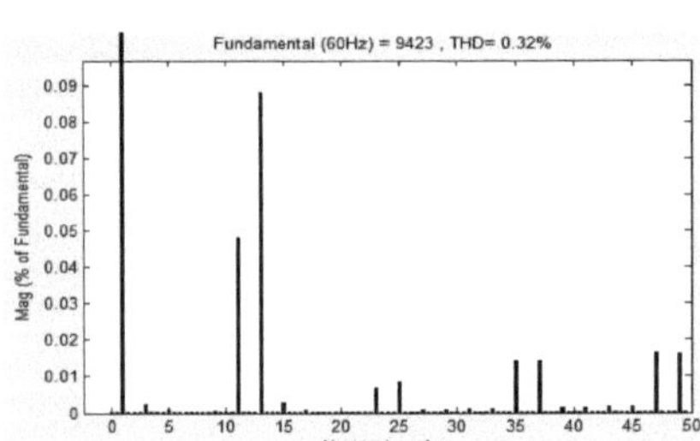

Figura (5.26) Gráfico de barras da tensão no barramento 1

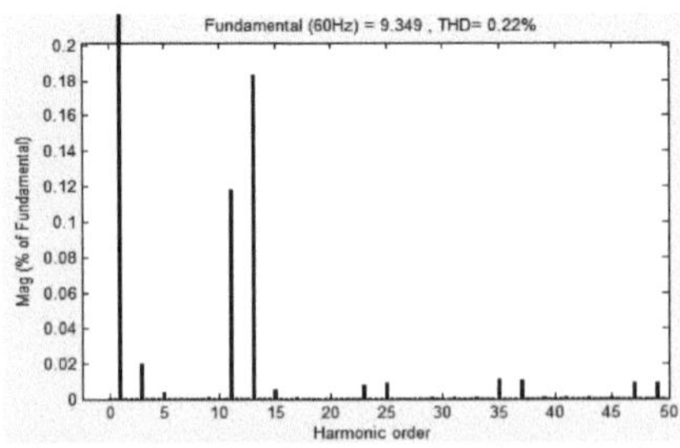

Figura (5.27) Gráfico de barras da corrente no barramento 1

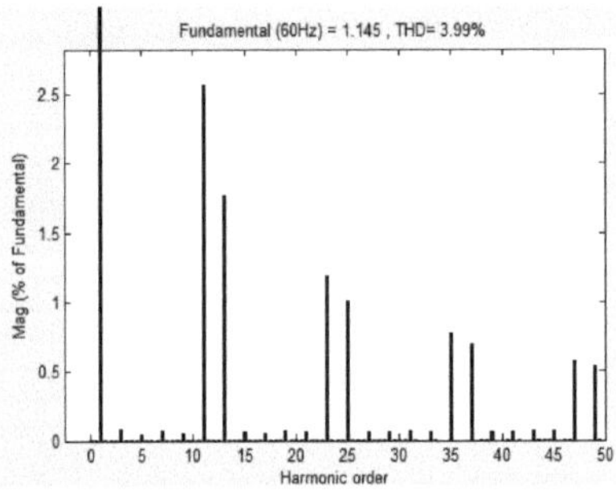

Figura (5.28) Gráfico de barras da corrente no barramento 2

A comparação dos valores de THD do sistema adotado sem qualquer técnica de atenuação e com a solução híbrida é apresentada na tabela seguinte.

Quantidades \ Sistemas	**Sistema sem quaisquer métodos HM (%)**	**Sistema com método híbrido (%)**
Tensão e THD no barramento 1, THD(Vabc)	8938V 1.67	9423V 0.32
Corrente e THD no barramento 1, THD(Iabc1)	1.18A 5.10	9.35A 0.22
Corrente e THD no barramento 2, THD(Iabc2)	1.18A 5.10	1.145A 3.99

Tabela (5.6) Comparação entre os valores de THD do sistema padrão e os do sistema com o Método Híbrido

5.3 Conclusão

Este capítulo conclui que o melhor método é o método híbrido, ou seja, a combinação do DTF e do transformador de isolamento. Reduz a THD da tensão no barramento 1 e a THD da corrente em ambos os barramentos, de acordo com a norma IEEE-519.

Capítulo - VI

CONCLUSÃO

6.1 Antecedentes

Este capítulo conclui o projeto. Analisa o resultado global em termos de valores de THD da tensão e da corrente no barramento 1; e da corrente no barramento 2, fator de qualidade, potência reactiva e potência ativa. Estes valores são calculados utilizando as fórmulas apresentadas no capítulo 1. Estes valores são escritos em forma de tabela como:

Sistema/Quantidade	V_{abc1} THD (%)	I_{abc1} THD (%)	I_{abc2}THD (%)	Q_F	Q_C (k VAR)	P (k VA)
Sistema	1.67	5.10	5.10	-	-	-
Sistema com STF	0.50	0.03	5.11	90	135	0.137
Sistema com DTF	0.70	0.33	5.10	75	135	0.140-0.166
Sistema com HPF	0.02	0.01	5.12	24	4986	19.23
Sistema com CHPF	0.02	0.01	5.12	14	5080	33.2
Sistema com transformador de isolamento	0.85	2.42	3.92	-	-	-
Sistema com solução híbrida	0.32	0.22	3.99	75	135	0.140-0.166

Tabela (5.7) Comparação entre os valores globais de THD dos diferentes métodos

A partir dos resultados, pode concluir-se que, no sistema com DTF, a THD da tensão é reduzida de 1,67% para 0,70% sem grande aumento da tensão (8938 para 9452 volts). A THD de corrente é reduzida de 5,10% para 0,33%. Ou seja, o filtro duplo sintonizado atinge os THDs mínimos de tensão e de corrente, sem grande aumento das suas magnitudes de componentes fundamentais. Para o transformador de isolamento, a THD de tensão e a THD de corrente são reduzidas até 0,85% e 2,42, respetivamente. Também a THD da corrente do lado da carga é reduzida para 3,92%. Assim, o método híbrido é utilizado no sistema para reduzir os harmónicos. Isto inclui dois resultados da tabela, ou seja, o DTF e o transformador de isolamento. Esta combinação dá o melhor resultado de todos. A tensão e a corrente THD no barramento 1 são 0,32% e 0,22%, respetivamente. A THD de corrente no barramento 2 é reduzida de 5,10% para 3,99%. Esta redução nos valores de THD está de acordo com a norma IEEE-519, ou seja, a THD de tensão e a THD de corrente devem ser inferiores a 5% cada. A partir da tabela (I), a potência reactiva também é compensada para este sistema.

6.2 Conclusão

Pode concluir-se que o método híbrido, ou seja, a combinação de um filtro duplo sintonizado e de um transformador de isolamento, é o melhor método de entre todos os aqui utilizados. Não só reduz os valores de THD no lado da rede eléctrica como também no lado da carga. Atinge o valor de THD abaixo dos valores permitidos.

REFERÊNCIAS

1. Gonzalo Sandoval, John Houdek (2005), "A Review of Harmonic Mitigation Techniques", Allied Industrial Marketing USA
2. Jeel Contractor, P.N. Kapil, Bhavin Shah (2015), "Harmonic Mitigation for Power Quality Improvement", IJRET, vol. 04, maio de 2015
3. Sanjay A. Deokar, Dr. Laxman M. Waghmare (2011), "Impact of Power System Harmonics on Insulation Failure of Distribution Transformer and its Remedial Measures",© 2011 IEEE
4. Thomas M. Blooming e Daniel J. Carnovale (2006), "APPLICATION OF IEEE STD 519-1992 HARMONIC LIMITS", Registo da Conferência da Conferência de Pasta e Papel IEEE IAS 2006, 1-4244-0282-4/06/$20.00 ©2006 IEEE
5. "O desempenho dos transformadores de isolamento blindados", Boletim de dados do produto da SQUARE D, Milwaukee, WI, EUA, Boletim n.º 7400PD9202 abril de 1992 (Substitui o Boletim S-3)
6. Ewald F.Fuchs, Mohammad A. S. Masoum, "Power Quality in Power Systems and Elcctrical Machines", 2008, Elaevier Inc
7. "Transformador de isolamento de acionamento: Solução para a Qualidade da Energia", Boletim de Dados do Produto da SQUARE D, Oshkosh, WI, EUA, Boletim N.º 7460PD9501R8/95 agosto de 1995 (Substitui o 7460PD9501 de março de 1995)
8. Kiran Deshpande, Prof. Rajesh Holmukhe, Prof. Yogesh Angal, "Transformadores de fator K e cargas não lineares
9. N.R Jayasinghe, J.R Lucas e K.B.I.M. Perera, "Power System Harmonic Effects on Distribution Transformers and New Design Considerations for K Fator Transformers", IEE Sri Lanka Annual Sessions, Sep 2003
10. Robert D. Henderson, Patrick J. Rose, "Harmónicas: The Effects on Power Quality and Transformers", IEEE TRANSACTIONS ON INDUSTRY APPLICATIONS, VOL. 30, NO. 3, maio-junho de 1994
11. Ashfaq Hussain, " Electrical Machines", pg 155-157
12. Francisco C. De La Rosa, "Harmonics and Power Systems" , Taylor & Francis Group, LLC, CRC press, 2006
13. C. Sankaran, "Power Quality" , Taylor & Francis Group, LLC, CRC press, 2006, pg 71-109

14. K. B. Patel, M. D. Solanki, "Harmonic Signature and It's Mitigation Using Active Filters" , JIKREE, NOV 12 to OCT 13, Vol-02, Issue-02, Pg 362-366
15. Frede Blaabjerg, "Special Section on harmonics stability and mitigation in Power Electronics", IEEE Journal of Emerging and selected topics in Power electronic, Vol 4, no. 1, março, 2016
16. Bruce C. Gabrielson e Mark J. Reimold, "Suppression of Power line Noise with Isolation Transformers", EMCEXPO87, 17-21 de maio de 1987
17. Bhimbra, "Power Electronics", página 464-468
18. Paul De Potter, "Nota de aplicação: Transformador de isolamento", Instituto Europeu do Cobre, Cu0113, março de 2014
19. A. F. Zobaa e S. H. E. Abdel Aleem, "Uma nova abordagem para a minimização da distorção harmónica em sistemas de alimentação que fornecem cargas não lineares", IEEE TRANSACTIONS ON INDUSTRIAL INFORMATICS, 2013
20. W. Edward Reid, "Power Quality Issues - Standards and Guidelines", Conferência Técnica da Indústria de Papel e Celulose do IEEE, 1994
21. Aleksandr Reznik, Marcelo Godoy Simões, Ahmed Al-Durra e S. M. Muyeen, "LCL Filter Design and Performance Analysis for Grid-Interconnected Systems", IEEE TRANSACTIONS ON INDUSTRY APPLICATIONS, VOL. 50, NO. 2, MARÇO/ABRIL 2014
22. Damian A. Gonzalez e John C. Mccall, "Design of filter to reduce harmonic distortion in Industrial Power System", IEEE transactions on Industrial applications, vol. IA-23, No. 3, maio/junho de 1987
23. S. GH. Seifossadat, R. Kianinezhad, A. Ghasemi e M. Monadi, "Melhoria da qualidade do filtro de potência ativo de derivação, utilizando filtros passivos de harmónicas sintonizados optimizados", SPEEDAM 2008, ©IEEE, 2008
24. K. Hemachandran, Dr. BJustus Rabi, Dr. S. S. Draly, " Harmonic Mitigation in a single phase non-linear load using SAPF with PI controller", Recent Advances in Electrical Engineering and Computer Science, ISBN-978-1-61804-304-5
25. Muhammad Abid, Tehzeeb-ul-Hassan, Tehseen Ilahi, "Mitigação de harmónicos produzidos por cargas não lineares no sistema de energia industrial", FAST-NU Research Journal, vol. 1, número 2, julho de 2015
26. J. C. Das, "Passive Filters-Potentialities and Limitations", IEEE TRANSACTIONS ON INDUSTRY APPLICATIONS, VOL. 40, NO. 1, JANEIRO/FEVEREIRO DE 2004

27. M.Joorabian, S.GH.Seysossadat, M.A.Zamani, "An Algorithm to Design Harmonic Filters Based on Power Fator Corretion for HVDC Systems", 1-4244-0726-5/06/$20.OO '2006 IEEE
28. Xiao Yao, "Algoritmo para a Parametrização de Filtro Duplo Sintonizado", 0-7803-510503/98/$ 10.00 © 1998 IEEE
29. M. A. Zamani, M. Mohseni, "Damped-Type Double Tuned Filters Design for HVDC Systems", 9th International Conference, Electrical power quality and utilisation, Barcelona, 9-11 outubro, 2007
30. HE Yi-hong, SU Heng, "A New Method of Designing Double-tuned Filter", 2ª Conferência Internacional sobre Ciência da Computação e Engenharia Eletrónica, Atlantis Press, Paris, França, 2013
31. E. Fuchs, D. Yildirim e T. Batan, "Innovative procedure for measurement of losses of transformers supplying nonsinusoidal loads", IEE Proc.- Generation, Transmission and Distribution, Volume 146, Número 6, Nov 1999
32. Praveen Vijayraghavan e R. Krishanan, "Noise in Electric Machines: A Review", IEEE, 1998
33. "Harmónicas no seu sistema elétrico", Eaton Corporation, Powerware
34. John Ware, "Correção do Fator de Potência", IEE wiring matters, primavera, 2006
35. Babak Badrzadeh e Manoj Gupta, "Practical Experiences and Mitigation Methods of Harmonics in Wind Power Plants", IEEE TRANSACTIONS ON INDUSTRY APPLICATIONS, VOL. 49, NO. 5, SETEMBRO/OUTUBRO 2013

LISTA DE PUBLICAÇÕES:

[1] Jyotsana Kaiwart, Uma P. Bala Raju, "Técnicas de Mitigação de Harmónicos: Ampliação do uso de filtro sintonizado sobre transformador de isolamento", IJAREEIE, Volume 6, Edição 4, abril de 2017.

[2] Jyotsana Kaiwart, Uma P. Bala Raju, " A Study on Harmonic Mitigation by using Isolation Transformer", BITCON, Conferência Nacional sobre Tendências Emergentes em Ciência, Tecnologia e Gestão para o Desenvolvimento Nacional, janeiro de 2017.

[3] Jyotsana Kaiwart, Uma P. Bala Raju, "Técnicas de Mitigação de Harmónicas: A Review", IJAREEIE, Volume 5, Edição 11, novembro de 2016.

Printed by Books on Demand GmbH, Norderstedt / Germany